高效预膜式
空气雾化喷嘴关键技术

周 训 著

中国农业出版社
北 京

内容简介

喷嘴作为将连续液体破碎成细小液滴的重要部件，在农业灌溉、农机污染物控制、化工生产、航空航天等领域皆有广泛的应用。在诸多类型的雾化喷嘴中，预膜式空气雾化喷嘴因在提高雾化质量方面的显著优势而受到广泛关注。本书聚焦高效预膜式空气雾化喷嘴关键技术，通过构建多尺度复合数值模型，研究液膜在喷嘴预膜结构唇边破碎全历程气液结构的演变规律及关键影响因素的作用机制，揭示预膜结构表面润湿性和唇边构型对喷嘴雾化特性的调控原理，确定预膜喷嘴雾化特性受工况及预膜结构影响的相关度，进而支撑新型预膜式空气雾化喷嘴的设计研发，助力我国高效节能环保农用发动机和航空发动机关键部件的提质增效。

前言

喷嘴是一种将连续液体转化为细小液滴的关键部件，在灌溉、喷涂、燃烧等工农业生产中应用广泛。喷嘴的种类和工作原理各异，在不同的条件和环境下，只有根据需要选用合适的喷嘴才能达到最优雾化效果。预膜式空气雾化喷嘴因其雾化均匀性好、工况适应性广的优点，在农用柴油机和航空发动机污染物防控、效率提升方面具有广阔的应用前景。但是，现阶段关于预膜式空气雾化喷嘴一次雾化机理的研究仍然十分匮乏。为此，本书通过发展适用于当前研究的介观数值方法，对高速气流作用下液膜在预膜板唇边的一次破碎机理进行了系统的数值研究，并重点探讨了预膜板表面润湿性和唇边结构影响液膜一次破碎的作用机制，以期为高效预膜式空气雾化喷嘴的优化设计提供参考和依据。

本书结合著者的研究成果，以及在相关科研实践中的体会和积累的经验，系统地介绍了预膜式空气雾化喷嘴关键技术，共分为六章内容。第一章针对迄今为止具有代表性的研究成果，全面总结分析了预膜式喷嘴雾化性能关键影响因素、液膜失稳破碎主导机制以及复杂两相流动研究方法等的国内外研究进展。第二章以评估格子 Boltzmann 方法（LBM）中具有代表性的单松弛时间（SRT）模型和多松弛时间（MRT）模型的应用特点为目标，在完善基于贴体网格的 LBM - SRT 单相流模型的基础上，发展并验证了基于贴体网格的 LBM - MRT 单相流模型。第三章以前人提出的单松弛时间相场模型为基础，通过耦合 MRT 碰撞算子和修正外力源项，发展了基于相场理论的 LBM - MRT 大密度比两相流模型，探究了雷诺数、密度比以及黏度比对开尔文-亥姆霍兹不稳定性和瑞利-泰勒不稳定性演化过程的影响规律。第四章利用基于相场理论的 LBM - MRT 大密度比两相流模型，结合改进的水平壁面润湿性处理方法，对高速气流作用下液膜在预膜板唇边的一次破碎过程进行了全面解析，并探讨了预膜板表面润湿性及其唇边厚度调控液膜一次破碎特性的作用机制。第五章通过发展基于贴体网格的LBM-MRT大密度比两相流模型和曲面润湿性处理方法，进一步探究了预膜板唇边轮廓在液膜一次破碎过程中的影响机制，并明确了强化喷嘴一次雾化效果的预膜板唇边构型的优化路径。第六章为全书关于预膜式空气雾化喷嘴关键技术研究成果的总结，论述了本书在构建预膜空气雾化过程数值模拟方法、揭示多因素调控预膜空气雾化特性的依变规律、探明提升预膜空气雾化质量的预膜板表面润湿性及唇边构型的优化路径等方面的贡献，并且给出了关于预膜式空气雾化喷嘴关键技术相关研究成果的应用前景和展望。

本书的出版受到航空发动机热环境与热结构工信部重点实验室(No. CEPE2020027)、海洋能源利用与节能教育部重点实验室（No. LOEC202102)、河南省科技攻关计划项目（No. 222102220033）资助。

目录

第一章

绪　　论

第一节　研究背景与意义

喷嘴作为将连续液体破碎成细小液滴的重要部件，在工农业生产、日常生活以及航天航空领域皆有广泛应用。例如在农业生产中，采用固定式或移动式喷嘴对农作物进行喷雾灌溉和降温，具有节水、省工、增产和适应性强等优点；在市政环卫中，雾炮车将水加压后输送到高压喷嘴雾化装置形成微米级雾滴，用于吸附空气中的细小粉尘和悬浮颗粒，可有效缓解雾霾；在电子行业中，硅晶片制造的各个工序，包括显影、蚀刻、除膜、冲洗以及切割等环节，喷嘴都不可或缺；在化工制药中，喷雾干燥是一种被广泛应用的干燥技术，通过该技术将料液输送到喷嘴雾化成雾滴来增大其与高温空气的接触面积，进而加速传热传质过程，使料液中的水分迅速蒸发完成干燥；在航天航空领域中，喷嘴发挥的作用尤为突出：燃油在进入航空发动机燃烧室之前，必须通过燃烧室头部的喷嘴将连续流动的液体燃料破碎成细小的雾滴，雾滴尺寸越小，比表面积越大，与空气混合越充分，燃烧室燃烧效率越高、燃烧稳定性越好。可见，喷嘴技术的持续优化和创新在提高效率、降低能耗、提高液体雾化质量等方面具有重要作用。

2016 年 5 月 13 日，国务院办公厅印发了《关于促进通用航空业发展的指导意见》，其中明确了“切实打造绿色低碳航空”和“提高关键技术和部件的自主研发生产能力”两个重要任务目标。与此同时，作为全球经济活动重要支撑的航空运输业，2019 年总碳排放量已经占到全球交通运输行业碳排放量的 10%，约占全球碳排放总量的 2%[1]。如图 1-1 所示，一个标准起降循环分为起飞、爬升、进近和慢车 4 个阶段[2]。2015 年，在该标准起降循环内氮氧化物排放量大约为 0.18 兆 t。到 2045 年，根据技术和空中交通管理情景的不同，氮氧化物排放量预计在 0.44～0.80 兆 t，意味着在此期间将增长为 2015 年的 2.4～4.4 倍。航空业减碳的必要性和迫切性极为突出。在航空业“碳中和”路径选择方面，技术专家指出必须向上游环节也即航空发动机及其关键部件的设计制造去寻求根本解决方案。

在航空发动机中，燃油在进入燃烧室之前，必须通过燃烧室头部的喷嘴破碎成细小的雾滴，雾滴尺寸越小、比表面积越大、与空气混合越充分，则燃烧室燃烧效率越高、污染

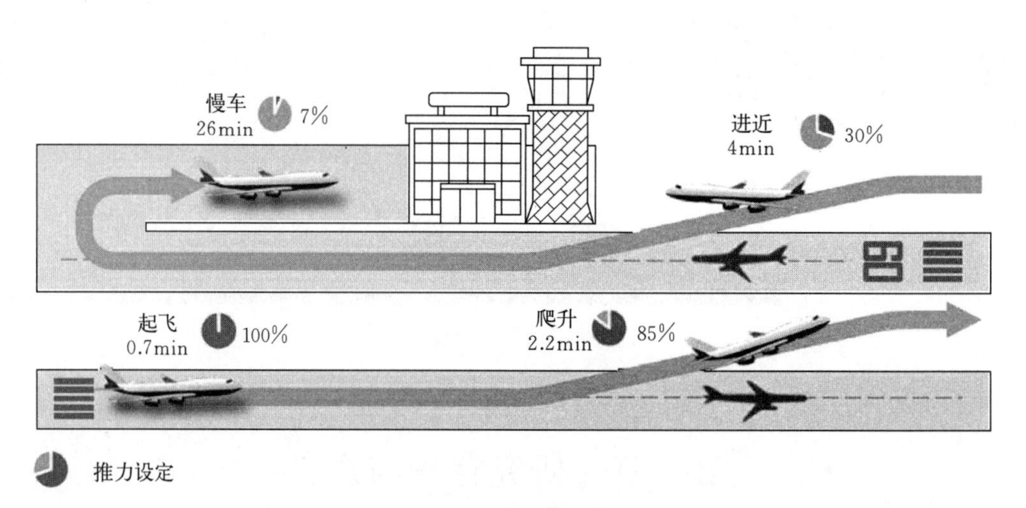

图 1-1　标准起降循环

物排放量也越低。由此可见，与燃油喷嘴密切相关的燃油雾化和油气掺混特性是决定航空发动机工作性能的关键因素。目前，根据雾化原理的不同，在航空发动机燃烧室中常用的燃油喷嘴可划分成两大类：压力雾化喷嘴和气动雾化喷嘴[3]。压力雾化喷嘴主要依靠供油压力对燃油进行雾化，以其中应用最为广泛的离心式喷嘴为例，燃油在油压的驱动下通过切向的旋流槽进入旋流室，随后以旋转液膜的形式喷出并在喷嘴出口处散开形成空心锥，最终液膜与空气相互作用破碎成细小油珠。与压力雾化喷嘴不同，气动雾化喷嘴主要通过引入高速气流，依靠气动剪切作用使燃油雾化，其中最具代表性的是空气雾化喷嘴。在高压比的航空发动机中，选择空气雾化喷嘴具有诸多优点。例如，可实现较低的燃油压力，并产生更细的雾滴。此外，空气雾化喷嘴还能保证空气和燃料的充分混合以实现蓝焰燃烧，从而减少碳烟的形成以及氮氧化物的排放。在空气雾化喷嘴的实际应用中，根据有无预膜结构，可将其分为非预膜式和预膜式两种类型。如图 1-2 所示，在非预膜式空气雾化喷嘴中，燃油通过喷嘴内的环形通道形成一个很薄的环形油膜，此环形油膜在离开通道后直接与周围的空气进行混合。而在预膜式空气雾化喷嘴中，燃油从内通道流出后形成一层依附在环形内壁上的油膜，油膜在预膜板的末端脱落并与内外两侧空气混合，且在混合之前预膜板上的燃油会有部分发生预蒸发。研究表明：与非预膜式空气雾化喷嘴相比，预膜式空气雾化喷嘴的雾化均匀性更好，污染物排放量更低，而且能更好地适应不同运行工况下航空发动机的燃料雾化要求[4]。综上所述，由于预膜式空气雾化喷嘴相较于其他常用的燃油喷嘴，在燃油雾化和油气掺混方面优势显著，具有提高燃烧效率和燃烧稳定性、降低污染物（尤其是氮氧化物）排放的巨大潜力，因而选用预膜式空气雾化喷嘴更符合当前航空发动机油耗低、排污少、推力大的发展趋势。

我国在汽车、农业机械、内燃机基础件等领域具有较好的产业基础。2020 年 7 月发布的《关于加快推进农业机械化和农机装备产业高质量发展的意见》中明确提出“推进新型高效节能环保农用发动机”等具体要求。柴油机由于具有动力性强、耗油率低等优势，

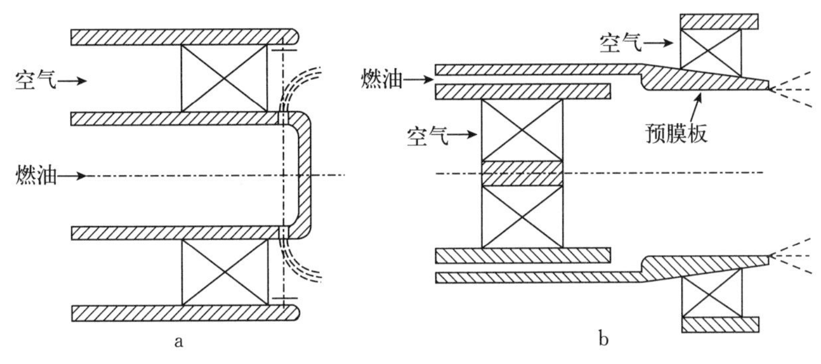

图 1-2　气动雾化喷嘴示意图
a. 非预膜式　b. 预膜式

在中/重型客货车以及农用机械上得到了广泛的应用，但柴油机的主要排放物氮氧化物和大气悬浮颗粒物无法像汽油机的排放物那样通过采用三效催化转化器有效地处理。目前，选择性催化还原技术是车用柴油机控制污染物排放的有效途径，而还原剂喷嘴的雾化性能是确保该项技术顺利实施的关键因素。鉴于预膜式空气雾化喷嘴在雾化质量方面的显著优势，设计开发高效预膜式空气雾化喷嘴是汽车和农机产业可持续发展的重要支撑。

预膜式空气雾化喷嘴的雾化过程从本质上而言就是高速气流作用下液膜在预膜板唇边及其下游区域发生破碎的过程。如图 1-3 所示，以平板式预膜空气雾化喷嘴为例，其雾化过程可划分成以下 5 个阶段：①燃油以液膜的形式在预膜板表面铺展并在自身动能和高速气流的共同驱动下向预膜板唇边（预膜板后缘）流动；②液膜在到达预膜板唇边后会出现堆积现象，预膜板唇边起到"蓄液池"的作用；③堆积在预膜板唇边的液体在两侧高速气流的剪切作用下被拉伸变长形成液丝；④液丝被拉伸到一定长度后会在其前端或中间位置发生一次破碎，所形成的游离液体微团和液滴随着高速气流继续向下游运动；⑤游离液体微团和液滴进一步在下游区域发生二次破碎，雾化成更加细小的液滴。针对上述过程，当前的研究主要侧重于分析空气速度和压力、空气流道的结构形式、液体物性参数等在二次雾化阶段（阶段⑤）的影响，但是关于高速气流作用下液膜在预膜板唇边的堆积阶段和随后形成液丝的摆动、卷曲与一次破碎阶段（阶段①～④）的分析仍然非常匮乏。因此，深入探究高速气流作用下液膜在预膜板唇边的一次破碎机理，阐明液膜堆积、液丝形成以及液丝一次破碎间的耦合规律，用以指导高效预膜式空气雾化喷嘴的优化设计，对于进一步提升航空发动机的工作性能具有重要意义。

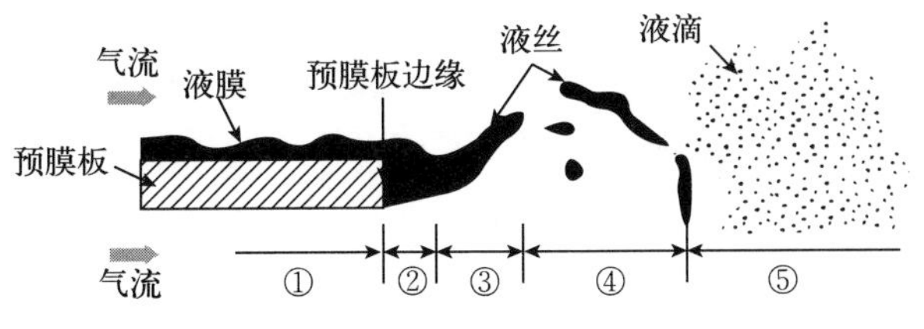

图 1-3　预膜式空气雾化喷嘴雾化过程示意图

第二节　喷嘴的类型及特点

喷嘴在多个领域中得到了广泛应用，不同领域的需求导致各种类型的喷嘴涌现。根据其工作原理，这些喷嘴可分为几种主要类型，包括压力喷嘴、旋转喷嘴、空气雾化喷嘴以及组合喷嘴。这些喷嘴类型广泛应用于工农业等多个领域，它们的共同之处是都能实现有效的雾化，而差异在于实现雾化的原理各不相同。在不同的工作条件和环境下，选择适当类型的喷嘴是实现最佳雾化效果的关键。

一、离心式喷嘴

离心式喷嘴是一种常见的压力型喷嘴，工作原理简单、高效，应用广泛。离心式喷嘴主要通过离心力将液体转换为细小的雾滴，适用于喷洒、冷却、涂覆和化学反应等多个领域。离心式喷嘴通常由以下 3 个主要部分组成。中心喷头，其中心部分是液体进入的地方，通常是一个小孔或一个喷嘴，液体通过这个中心点进入，然后被推向离心运动；旋转盘，它通过旋转产生离心力，旋转盘的设计和材质对于离心力的产生和雾滴的形成有着重要的影响；出口，液体在旋转盘的作用下被迅速推向出口，形成一个锥形的雾滴喷射。

离心式喷嘴的工作原理主要是依靠高压泵向液体提供较高的液压，在高液压的迫使下，液体沿着旋流槽流动，该旋流槽是特别设计的，液体在流经旋流槽的过程中会产生旋转，在这种离心力和表面张力等多种力的共同作用下，液体最后以旋转着的液膜形式从喷嘴的出口喷出，所以其对供液压力有较大的依赖。液膜喷出后，在其自身湍流提供的内力和环境空气阻力提供的外力作用下，液膜逐渐破碎形成液丝，液丝进一步破裂成液雾颗粒而实现了雾化。

离心式喷嘴有诸多优点：通过旋转运动产生的离心力能够将液体迅速雾化成细小的雾滴，提高了雾化效率，这有助于液体更均匀地分散在空气中，形成细腻的雾滴；由于离心力的作用，离心式喷嘴产生的雾滴分布较为均匀，这种均匀性对于许多应用，如涂装、喷洒农药或化肥等，都至关重要；离心式喷嘴通常具有相对简单的结构，由较少的部件组成，这使得其制造、安装和维护相对容易；由于其结构简单，离心式喷嘴在运行时相对稳定，不容易受到外部干扰的影响，这有助于保持长期稳定的喷雾性能；离心式喷嘴适用于多种液体，包括燃油、水、液体肥料、农药等，具有较强的液体通用性；离心式喷嘴通过调整旋转速度、液体流量等参数，可以比较容易地实现对雾滴大小和喷射强度的精确控制，以满足不同应用的需求。同时，离心喷嘴也存在着缺点。为了实现液体的良好雾化，需要将旋流槽做得足够小，而较小的流道会因为燃烧过程中的积炭作用极易发生堵塞。另外，由于该喷嘴对供液压力过于依赖，在供液压力较小的情况下，雾化质量不是很好。

二、旋转式喷嘴

旋转式喷嘴是一种以机械旋转为动力源的喷雾装置，其核心工作原理是通过电机或叶轮的机械旋转，带动连接的装置实现旋转运动。在旋转的过程中，通过旋转所产生的强大离心力，使得液体从杯形（蝶形）或带孔盘型旋转装置中被迅速喷射出去，从而实现高效雾化。通常，机械旋转装置的转速相当高，每分钟可达数万转，因此能够提供足够的离心力，迫使液体在喷射时形成雾化状态。

为了简化供液系统，避免高压供液系统和离心式喷嘴的复杂性和高成本，旋转喷嘴的供液系统设计别具一格。液体经过轴中心流至轴上的一个空心供液盘，该盘的圆周边设有若干小孔。在旋转的过程中，液体从这些小孔中高速喷射而出。供液盘夹在轴的中间，由于高速旋转，动能巨大，液体受到离心力的作用，实现了出色的雾化效果。

旋转喷嘴的使用效果表现在对高速旋转的轴的冷却作用上，同时也使液体在喷射前得到预热，这对雾化、蒸发和燃烧等方面都产生了积极的影响。然而，在低转速工况下，其雾化质量较差，而且燃油密封较为困难。因此，旋转喷嘴主要适用于具有较高旋转速度的小型航空发动机，这种特定场景下能够发挥其优越性。在此背景下，旋转喷嘴通过其高效的雾化特性，在空中动力系统中发挥着关键的作用。

三、蒸发管式喷嘴

早期因为蒸发管在高温环境下的热强度问题，蒸发管式喷嘴应用较为有限。然而近年来，由于这类喷嘴在雾化方面的卓越性能逐渐引起学者的重视，蒸发管的研究取得了显著进展，一些发动机开始应用蒸发管式喷嘴。这种喷嘴属于气动雾化喷嘴的特殊类型，其工作原理基于高温燃气流对蒸发管的加热，通过灼热的蒸发管将内部喷射的燃油蒸发成燃油蒸气，然后与适量的空气混合形成油气混合物，最终喷入燃烧室中的火焰筒主燃区与大量燃气混合燃烧。蒸发管式喷嘴的优势在于高温条件有助于提前实现燃油与空气的混合和蒸发，避免了供油压力不足可能引起的问题。同时，由于其蒸发充分、混合均匀，燃烧和温度都相对稳定。然而，这种类型喷嘴的缺点主要体现在其稳定燃烧范围相对较窄，且蒸发管在高压高温环境下容易受损。

在蒸发管式喷嘴的演进过程中，关于其热强度问题的研究和解决成为一个关键方向。学者们通过改进蒸发管的材料、结构以及降低工作环境的温度，逐渐克服了蒸发管的热强度问题。这为蒸发管式喷嘴的广泛应用提供了可能。蒸发管式喷嘴的研究还突显了在某些应用场景下，特殊设计的喷嘴能够发挥出色的性能。这类喷嘴的采用对提高燃烧效率、减少污染物排放具有积极意义。在发动机领域，尤其是某些特殊环境或要求极高效率的场景，蒸发管式喷嘴的应用将有望进一步得到推广。总的来说，蒸发管式喷嘴的研究与应用经历了从早期的局限到近年来的逐渐重视和改进。通过克服其热强度问题，这一技术在提高燃烧效率和稳定性方面表现出良好的前景。在未来的研究中，进一步优化蒸发管式喷嘴的结构与材料，提高其适用范围和稳定性，将为工程应用带来更多可能。

四、空气雾化喷嘴

空气雾化喷嘴作为气动雾化喷嘴的一种，广泛应用于各个领域。其中，预膜式和射流式是两种主要类型的空气雾化喷嘴。这两种喷嘴的工作原理都依赖于气流的动能促使液体实现雾化。本书将深入探讨预膜式空气雾化喷嘴的原理、优缺点，并着重研究不同结构对雾化特性的影响，以期为喷嘴的设计和优化提供基础数据和支持。

预膜式空气雾化喷嘴的工作原理是，在供液过程中通过类似于离心喷嘴的处理方法，使得液体与空气混合前形成旋转的液膜。同时，高压高速的空气通过压气机进入喷嘴，与液膜混合后喷射出去。高速空气提供了剪切力，使得液膜变薄并破碎，环境中的空气对液膜产生撞击作用，液膜的表面张力减弱，最终迅速破裂成喷雾液滴。由于主要依赖高压高速空气的辅助作用，即使在供液压力不高的情况下，仍能够获得较好的雾化效果。该设计的优势在于能够在相对低的压力条件下实现良好的雾化效果。射流式空气雾化喷嘴通常将直射式喷嘴置于某种气流通道中，将液体射流置于气流的作用下，依靠气动力来实现雾化。相较于预膜式喷嘴，射流式喷嘴的雾化效果较差。射流离开喷口后，液体射流密集在一起，形成实心的液柱，并在周围介质中相互作用。与之不同，预膜式喷嘴的设计能够使雾化更为均匀，增大气液作用面，进而加强气流的作用，提高雾化效率。

空气雾化喷嘴在燃烧时具有显著的优点，包括大大降低发烟和热辐射。此外，它具有工作油压低、生炭性低、出口温度分布均匀和雾化质量较高等优势，因此在燃机领域，尤其是在航空领域备受重视，得到广泛应用。然而，空气雾化喷嘴也存在一些缺点，主要体现为其在贫油燃烧时稳定性不佳、熄火边界较窄等问题，这成为亟待解决的难题。学者们正在通过改变内部结构等途径努力解决这些问题。

第三节　预膜式空气雾化喷嘴研究概述

自 1966 年，美国普渡大学的 Lefebvre 和 Miller[5] 首次提出预膜式空气雾化喷嘴的概念以来，该类型喷嘴因其优越的雾化性能而受到广大研究机构的重视，国内外学者也利用实验技术和数值计算方法从不同角度对预膜式空气雾化喷嘴的雾化过程和雾化机理进行了大量研究和分析。本节将针对迄今为止具有代表性的研究成果从 5 个方面进行总结和分析，并以此作为开展后续研究工作的基础。

一、空气速度和空气压力的影响

1986 年，Sattelmayer 和 Wittig[6] 针对带有预膜结构的空气雾化喷嘴（如图 1 - 4 所示）开展了实验研究。他们指出，液膜在高速气流的驱动下会在预膜表面形成波动流，当到达喷嘴边缘时，液膜脱离、破碎并形成液滴。实验结果证实，液膜脱离过程呈现出明显的周期性，且液膜脱离频率取决于空气流速的大小并始终低于液膜表面波动频率。此外，气流速度也主导着液膜在喷嘴边缘破碎后所产生液滴的尺寸分布。为了进一步探究空气速度分布对喷嘴雾化特性的影响，Aigner 和 Wittig[7] 在上述研究的基础上，选用一种内外两侧空气流道可单独控制的预膜式空气雾化喷嘴进行了后续实验。结果显示，喷嘴雾化特性很大程度上取决于高速气流施加在液膜上的剪切作用力，而高速气流在喷嘴出口处产生的同向和反向旋流是影响空气对液膜剪切作用的关键因素。与此同时，Aigner 和 Wittig[7]还发现液膜在喷嘴内部流道中也会出现破碎现象，但该过程产生的液滴会削弱预膜式空气雾化喷嘴的整体雾化效果。随后，Lefebvre 等人[8,9]在总结和分析前人研究成果的基础上，获得了雾化特性与相关雾化参数的实验关联式，并且指出空气与液膜的相对速度对预膜式空气雾化喷嘴雾化过程的影响存在一个阈值，当相对速度低于该阈值，喷嘴雾化质量会显著降低。

Sattelmayer、Aigner 以及 Lefebvre 等人的研究主要关注空气速度对预膜式空气雾化喷嘴二次雾化特性的影响。近些年，Gepperth 等人[10,11]通过观察平板式预膜空气雾化喷嘴（如图 1－5 所示）的雾化过程，着重分析了空气速度对其一次雾化特性的影响规律。研究结果表明，随着空气速度的增加，液丝破碎长度减小而破碎频率增加。至于空气速度变化对液滴尺寸的影响：当空气速度较小时，液滴尺寸随着空气速度的增加而急剧降低；但是当空气速度增大到一定程度以后，液滴尺寸逐渐趋于稳定，不再有明显变化。通过总结上述实验结果，Gepperth 等人[11]还推导出了一组可预测一次雾化区域内液丝破碎频率、液滴索特平均直径（SMD）以及液滴平均速度的物理模型。

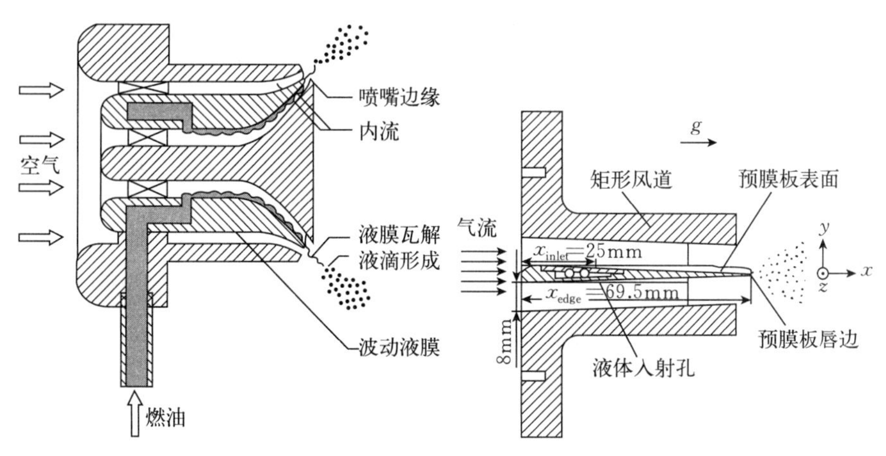

图 1－4　Sattelmayer 和 Wittig[6]实验中的预膜式空气雾化喷嘴

图 1－5　Gepperth 等人[10,11]实验用平板式预膜空气雾化喷嘴示意图

关于空气压力对预膜式空气雾化喷嘴二次雾化特性影响的实验研究最早是由 Lefebvre[12]完成的。实验结果表明，空气压力的增加会导致雾化液滴尺寸减小。Brandt 等人[13]在用实验和数值模拟方法研究燃油在平板式预膜喷雾装置中的蒸发和破碎机制时，进一步指出空气压力是影响燃油雾化和蒸发的主要因素之一，但其影响是通过引起雾化初始条件变化而间接实现的。当空气压力从 0.3 MPa 增加到 1.45 MPa 时，他们发现：①由于空气密度的变化使初始 SMD 降低了 38%；②初始燃油温度从 400 K 增加到了 480 K；③由于燃油表面张力的变化使初始 SMD 降低了 18%。为了分析空气压力对液体在预膜板唇边堆积和一次破碎的影响，Chaussonnet 等人[14]实验观测了平板式预膜空气雾化喷嘴的一次雾化过程，所选用喷嘴的结构与 Gepperth 等人[10,11]的类似。与前人的研究相比，该研究的最大贡献在于获得了液体堆积、液丝破碎频率以及雾化液滴尺寸与空气压力间的相

似准则。

二、液体物性的影响

关于液体物性对预膜式空气雾化喷嘴雾化特性影响的研究主要针对液体表面张力和黏性。Aigner 和 Wittig[7]指出，液体表面张力的增加会致使预膜式空气雾化喷嘴雾化液滴尺寸增加，Brandt 等人[13]的研究也支持了该结论。何昌升等人[15]则通过改变入口韦伯数大小综合考虑了气流动量与液体表面张力对平板式预膜空气雾化喷嘴一次雾化特性的影响。实验结果显示，改变入口韦伯数的大小，液膜会出现包括末端破碎、波浪脱离和表面剥离在内的 3 种破碎形态。另外，随着入口韦伯数增加，液膜表面波动频率增加，液膜破碎长度和横向不稳定波长减小。Sattelmaye 和 Wittig[6]的研究发现液体黏性对雾化液滴尺寸的影响极小，Gepperth 等人[11]获得了相同的结果，但同时也指出液体黏性对液丝的生长过程影响较大。

三、液膜初始厚度和液体流量的影响

关于液膜初始厚度对预膜式空气雾化喷嘴雾化特性的影响目前尚存争议。Lefebvre 等人[12,16,17]观察到液膜厚度的增加会导致雾化液滴 SMD 增大。但是，Sattelmayer 和 Wittig[6]、Aigner 和 Wittig[7]、Gepperth 等人[18]以及 Bärow 等人[19]指出液膜在预膜板唇边的堆积先于一次破碎，这使得液膜在预膜板唇边的破碎过程与液膜初始厚度失耦，因而液膜初始厚度的变化不影响雾化液滴尺寸的大小。此外，Chaussonnet 等人[14]的实验研究结果和 Holz 等人[20]数值模拟结果也证实了液体在预膜板唇边的堆积对预膜式空气雾化喷嘴一次雾化过程具有显著影响。所以，当前学术界更倾向于支持液膜厚度不影响雾化液滴尺寸的观点。至于液体流量对预膜式空气雾化喷嘴雾化特性的影响，Gepperth 等人[11]研究结果表明，液体流量的变化只对液丝尺寸和形状、雾化液滴的数量有较大的影响，而对雾化液滴的尺寸影响较小。出现这种现象也与液体在预膜板唇边堆积造成液体的流动及破碎过程失耦有关。

四、预膜板长度及其唇边厚度的影响

早在 2013 年，Gepperth 等人[11]不仅考察了空气流速和液体物性对平板式预膜空气雾化喷嘴一次雾化特性的影响，同时也分析了预膜板长度及其唇边厚度对液膜在预膜板唇边破碎效果的影响规律。实验结果表明，预膜板长度对液膜破碎频率和雾化液滴尺寸的影响较小，而预膜板唇边厚度与液膜破碎频率呈负相关，与雾化液滴尺寸呈正相关。但是，在与 Gepperth 等人[11]类似的实验研究中，学者们却得出了不同的结论。例如，Chaussonnet 等人[14,21]的研究表明，只有当预膜板足够长并且能保证液膜在流动到预膜板唇边前达到稳定状态时（如图 1-6 所示），预膜板长度的变化才对一次雾化过程没有明显的影响。Déjean 等人[22,23]的研究则进一步指出预膜板存在最佳长度，并且在该长度下所获得的雾化效果最优。此外，Inamura 等人[24]在考察预膜板唇边厚度对液膜一次破碎的影响时，发现改变预膜板唇边厚度，液膜破碎频率和雾化液滴尺寸并没有发生明显的变化。关于这一矛盾点，Koch 等人[25]给出的解释是，Inamura 等人[24]在实验中所选用预膜板的唇边厚度要远小于 Gepperth 等人[11]。

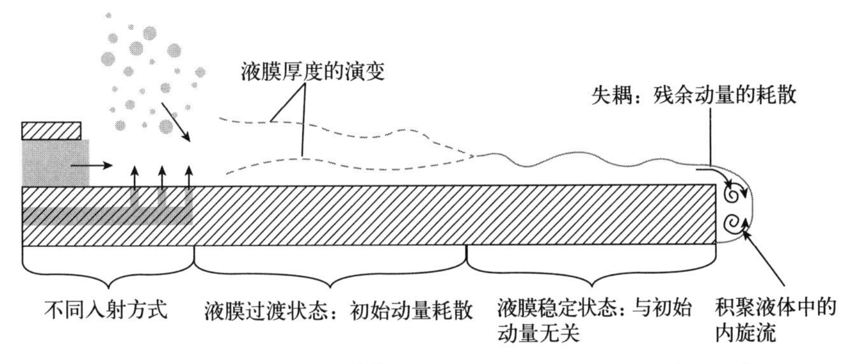

图 1-6　Chaussonnet 等人[14]关于液膜在预膜板上流动状态的示意图

五、空气流道结构的影响

Déjean 等人[22,23]的研究指出，空气流道的外形会对液膜与空气流相互作用的开始区域有影响，并最终引起液膜不稳定性和雾化性能的变化。如图 1-7 所示，相较于渐放式空气流道，渐缩式空气流道在相同的实验条件下所获得的雾化液滴尺寸更小。

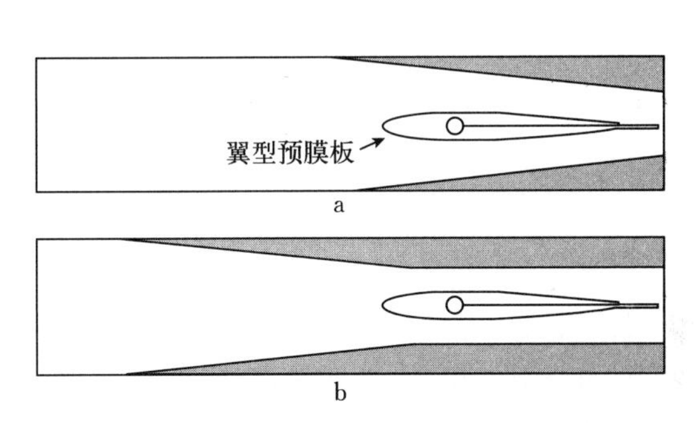

图 1-7　Déjean 等人[23]实验用空气流道示意图
a. 渐缩　b. 渐放

周春丽等人[26]研究空气流道结构对雾化效果的影响，是通过改变喷嘴的空气入射角和空气流道直径来进行的。结果表明，当空气入射角由 45°增加到 55°时，由于空气流撞击油膜的径向分动能增大，燃油雾化效果也相应得到提升。另外，当空气流道直径由 5.4 mm 减小到 3.8 mm 时，气流在喷嘴出口处速度变大，而该处气流速度越大，气流对燃油的剪切作用越强，燃油雾化效果也越好。

第四节　界面不稳定性现象研究概述

在预膜式空气雾化喷嘴的雾化过程中，由于气液剪切速度差和密度差的存在会致使开尔文-亥姆霍兹（Kelvin - Helmholtz，KH）不稳定性现象[27]和瑞利-泰勒（Rayleigh - Taylor，RT）不稳定性现象[28,29]的发生，而这两种不稳定性现象正是造成气液相界面失稳、变形乃至最终发生破碎的重要机制。Rayana 等人[30]、Lasheras 和 Hopfinger[31]以及 Desjardins 等人[32]的研究进一步指出，KH 不稳定性在放大相界面扰动和使液膜表面形成波动方面起着重要作用，而RT不稳定性则是导致液膜表面波的波峰处形成突起和随后生长出液丝的主要原因。由此可见，充分理解这两种不稳定性在相界面拓扑形变中的作用机制，对于分析预膜式空气雾化喷嘴的雾化机理，尤其是一次雾化机理，具有重要意义。

一、开尔文-亥姆霍兹不稳定性

KH不稳定性是在有剪切速度的连续流体内部或有速度差的两种不同流体的界面处发生的不稳定现象。在该现象的早期研究中，学者们主要采用解析方法[33-36]和实验手段[37-39]，研究的阶段通常仅限于不稳定性发展的前期。例如，Bau[40]用线性理论分析了多孔介质中密度不同的两种流体间的剪切运动。研究结果表明，在初始时刻两相界面无扰动存在的情况下，只有当剪切速度差超过一定的临界值后KH不稳定性才能表现出来，而且对于达西流动还需要满足相应黏度比和密度比的附加条件。Atzeni和Meyer[41]的研究则证实，KH不稳定性在其发展的初始阶段，扰动幅度η随时间t的变化满足关系式$\eta=\eta_0 e^{\gamma t}$，其中η_0是扰动幅度初始值而γ是扰动生长率。随后，Wang等人[42]的研究给出了KH不稳定性初始扰动生长率的显性表达式，并且由此获得的解析解与数值模拟结果吻合良好。

在KH不稳定性发展的后期，由于扰动生长的非线性效应逐渐增强，进而会出现诸如离散液滴、混沌混合等现象，此时理论分析和实验测量将很难发挥作用，因此越来越多的学者采用数值模拟手段来对其进行研究。Ceniceros和Roma[43]采用基于自适应网格的浸入边界法模拟了密度和黏度相同的两种互不相溶、不可压缩流体间的剪切流动。通过改变韦伯数和雷诺数的大小，他们分析了黏性和涡旋效应对KH不稳定性演化过程中相界面卷曲的影响。为了评估表面张力和密度比在KH不稳定性非线性生长阶段所起的作用，Rangel和Sirignano[44]利用离散涡旋法对初始相界面存在微弱扰动的两流体剪切流动进行了模拟。研究结果表明，表面张力或密度比的增加会抑制相界面处扰动的生长，而且当密度比大于0.2时，相界面卷曲变化的对称性将被破坏。与Rangel和Sirignano[44]的研究不同，Zhang等人[45]选用格子Boltzmann方法对KH不稳定性非线性生长阶段的数值分析，更侧重于考察表面张力对流体混合层中涡旋演化的影响，并且所考虑的不可压缩双流体系统无密度差存在。此外，他们的研究通过改变毛细数的大小来表征表面张力的变化。数值计算结果显示，随着毛细数减小（表面张力增大），可逐渐观察到相界面的破碎和离散液滴的形成，此时流体混合层中有序、稳定的涡核也被破坏。在Fakhari等人[46,47]关于KH不稳定性的研究中，当流体密度比为10而雷诺数增加到10^4时，占据主导地位的惯性力会导致小尺度开尔文-亥姆霍兹微波的出现，这使得相界面失稳并发生破碎。

上述关于KH不稳定性的研究主要局限于不可压缩或弱可压缩流体系统，而实际流体通常存在不同程度的可压缩性。为此，Xu等人[48,49]构建了一个二维十九速格子Boltzmann多相流模型，并用其分析了速度梯度和密度梯度对可压缩流体系统中KH不稳定性发展的影响。研究结果表明，KH不稳定性的线性生长率随着速度转变层厚度的增大而减小，随着密度转变层厚度的增大而增大。此外，Gan等人[50]还利用离散Boltzmann

方法研究了黏性和热传导对可压缩流体系统中 KH 不稳定性发展的影响。所得结果显示，黏性在稳定 KH 不稳定性扰动生长的同时还会增强流体系统的热力学非平衡效应，而热传导对 KH 不稳定性扰动生长的影响则是先抑后扬。

二、瑞利-泰勒不稳定性的研究

在流体系统中，发生 RT 不稳定性现象的必要条件是加速度由密度高的流体指向密度低的流体。例如，在重力场中将重流体置于轻流体之上，或者轻流体推动重流体。此时，流体系统在力学上处于不稳定状态，必须通过释放多余的势能，使系统恢复到能量最低的平衡状态。RT 不稳定性最早由 Rayleigh[28]在 1882 年研究变密度不可压缩流体系统平衡特性时提及，但相应的理论分析和实验验证直至 1950 年才被 Taylor[29]和 Lewis[51]分别完成。根据前人的研究结果[29,48,51,52]，RT 不稳定性的发展过程可划分成 4 个阶段。第一阶段是线性化理论适用的阶段，扰动幅度远小于扰动波长并随时间按照指数形式增长。紧接着，扰动开始弱非线性增长，重流体下沉渗入轻流体中形成“尖钉（Spike）”而轻流体上浮形成“气泡（Bubble）”，出现这种“上钝下尖”的扰动界面时则预示 RT 不稳定性的发展进入第二阶段。第三阶段的特点是非线性效应逐渐显著，轻重流体间的速度差导致的 KH 不稳定性开始起作用，尖钉的头部向上卷曲形成“蘑菇”状结构。最后，左右两侧的流体在扰动界面附近互相混合并伴随有次级卷曲结构的产生，这时 RT 不稳定性发展到混沌混合的第四阶段。

在 RT 不稳定性发展的前两个阶段，理论分析[53-59]、数值模拟[60-62]以及实验测量[63,64]都能获得准确且互相吻合的结果。但是，当 RT 不稳定性发展到后两个阶段，由于非线性作用开始显著，相界面出现剧烈的拓扑变化，大部分工作则需要依靠数值模拟进行分析。1988 年，Tryggvason[65]利用拉格朗日-欧拉涡方法模拟了无黏性流体系统中的二维 RT 不稳定性现象，该方法克服了涡旋卷曲的出现和奇异点的形成对数值模拟的限制。研究结果表明，气泡在后期的增长速度接近于常数。随后，Tryggvason 和 Unverdi[66]采用前沿追踪法将上述研究拓展到了三维，进一步分析了空间维度效应。Guermond 和 Quartapelle[67]则通过有限元方法考察了雷诺数对黏性流体中二维 RT 不稳定性发展的影响，其研究结果指出雷诺数的变化只对涡的结构有影响而对扰动幅度的增长没有影响。在低阿特伍德数条件下，Wei 和 Livescu[68]对二维单模 RT 不稳定性现象进行了直接数值模拟，发现气泡在后期的加速度逐渐趋于恒定，而不是通常认为的速度趋于恒定。Dimonte 等人[69]利用高精度三维数值计算方法研究了多模 RT 不稳定性混合问题，所获得的气泡直径 D_b 与增长幅度 h_b 的关系式 $D_b \sim h_b/3$ 与实验结果吻合良好。He 等人[70,71]通过将其前期构建的二维格子 Boltzmann 多相流模型拓展到三维，分析了三维 RT 不稳定性扰动界面的变化特点。结果表明，在三维 RT 不稳定性发展的后期，气泡的速度趋于稳定，而尖钉和鞍点的速度对阿特伍德数具有强烈的依赖性。此外，Clark[72]和 Zhang 等人[73]还分别采用 He 等人[70]提出的模型分析了初始条件以及表面张力对二维 RT 不稳定性发展的影响。

第五节 复杂两相流动的研究方法概述

预膜式空气雾化喷嘴的雾化过程从本质上来说就是高速气流作用下液膜在预膜板唇边及其下游区域发生破碎的过程，这其中不仅涉及液固（燃油-预膜板）间相互作用造成的液体铺展和堆积，还包含有气液（空气-燃油）相界面迁移、变形、破碎以及融合等复杂界面动力学行为。对于这一类两相流动问题，通常没有解析解的存在，也很难通过理论方法对其进行全面、细致的分析。因此，实验和数值模拟是该问题的主流研究方法。

关于实验方法，研究者通常利用光学测量技术结合图像处理手段来捕捉和分析液膜在预膜板唇边的瞬态变化，以及破碎发生后产生液滴的尺寸和分布。虽然实验方法在预膜式空气雾化喷嘴雾化特性的研究中应用广泛并且取得了很多有意义的成果，但就目前的研究情况来看仍然面临诸多挑战。首先，实验条件很难达到与实际雾化过程相近的高压工况，所以大多数的实验研究都在常压下进行。如此一来，由于气体物性参数的偏差，所获得的实验数据也必然存在一定程度的误差。例如，Jasuja 和 Lefebvre[74] 以及 Mingalev 等人[75] 的研究指出，常压下所测得的雾化液滴平均速度比实际工况下的要高，而雾化液滴的 SMD 又比实际工况下的要低。其次，受测试条件的影响，液体稠密处很难利用光学测量技术拍摄清楚。图 1-8 为 Gepperth 等人[18] 采用阴影法获得的液体在预膜板唇边发生破碎的侧视图。由于液体在预膜板唇边存在堆积现象，高速摄像机难以分辨此处气液相界面的侧向轮廓，从而使得实验方法无法准确分析液体在预膜板唇边堆积行为的变化规律。最后，用于预膜式空气雾化喷嘴雾化过程研究的实验装置通常由供液系统、供气系统、试验段和光学测量系统 4 部分组成，不仅价格昂贵、组成复杂，而且对加工工艺、测试条件的要求也颇高。

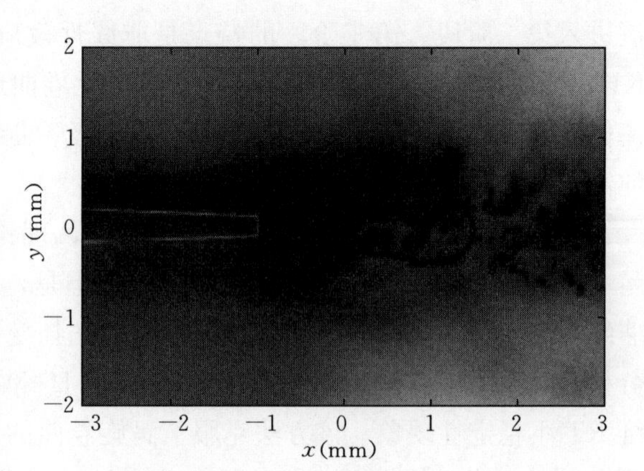

图 1-8 Gepperth 等人[18] 采用阴影法获得的液体在预膜板唇边破碎过程的侧视图

鉴于实验方法存在的客观限制以及计算机技术与数值计算方法的快速发展，数值模拟越来越成为研究复杂两相流动问题强有力的手段。根据相界面处理方式的不同，当前可用的数值计算方法可划分成尖锐界面方法和扩散界面方法。其中，尖锐界面方法通常假设相界面厚度为零，流体物性参数如密度、浓度、黏性等在相界面处不连续，而扩散界面方法则设定相界面拥有几个网格的厚度，从而使流体物性参数在相界面处平滑过渡。

在尖锐界面方法中，具有代表性的是 Hirt 和 Nichols 的流体体积函数（Volume-of-Fluid，VOF）方法[76]、Chern 和 Glimm 的前沿追踪（Front-Tracking，FT）方法[77]，以及 Osher 和 Sethian 的水平集（Level-Set，LS）方法[78]。这一类方法是基于 Navier-

Stokes（NS）方程的宏观方法，通常需要直接求解 NS 方程和一个用于界面捕捉的方程。首先来看 VOF 方法，该方法是根据网格单元中流体与网格的体积比函数来确定自由面，并以此来追踪相界面的变化。在具体实施过程中，VOF 方法需要进行复杂的相界面重构，且重构的不确定性会使相界面处曲率的计算不准确，从而导致表面张力的计算出现误差。此外，VOF 方法中的体积比函数在相界面处是不连续的，容易引起数值振荡。与 VOF 方法不同，LS 方法将相界面看作是一个连续函数（符号距离函数）的零等值线，在任意时刻只要计算出连续函数零等值线的位置就能追踪相界面的演变。由于该连续函数中隐含着相界面的几何信息，LS 方法可方便地获取相界面处的法向量、曲率以及表面张力等参数，并且相界面不需要重构。但是，LS 方法在涉及剧烈的界面拓扑形变时，连续函数不能一直保证满足符号距离函数的特性，需要对其进行“重新初始化”，而该过程会导致质量不守恒。FT 方法则是通过若干“示踪点”组成的曲线来表征相界面的位置，记录“示踪点”的位置变化即可追踪相界面的演变。相较于 VOF 方法和 LS 方法，FT 方法在界面捕捉方面精度更高。不过，该方法难以处理界面的拓扑变化，数值稳定性也较差。

与尖锐界面方法相比，扩散界面方法的显著特点是相界面存在一定厚度，流体物性参数在相界面处可连续、平滑地过渡。因此，在研究相界面发生剧烈拓扑形变、破碎等问题时，扩散界面方法的数值稳定性和精确性更优。目前常见的界面扩散方法可分成两类：基于相场理论（Phase－field theory）的传统数值方法[79-81]和格子 Boltzmann 方法（Lattice Boltzmann method，LBM）[82-85]。前者可统称为相场法，可通过直接求解序参数的对流扩散方程（Cahn－Hilliard 方程[86]或 Allen－Cahn 方程[87]），然后根据序参数的分布来判断相界面的位置，流体密度和黏度也表示为序参数的函数。对于相场法，序参数对流扩散方程的选择和求解是关键，同时也正是由于该过程的复杂性给相场法的实际应用带来了很大阻力。LBM 是近些年发展起来的基于分子动理论的介观数值方法，并且该方法已经被成功应用于包括两相流（或多相流）在内的诸多领域[70,88-91]。与上述宏观方法相比，LBM 在两相流数值模拟中具有以下三方面的优点：① LBM 的介观背景使之兼具微观方法假设少的特点（无连续性假设）和宏观方法不关注分子运动细节的优势（分子统计行为），因此更便于处理流体与流体、流体与固体间的相互作用[70,83,92]；② LBM 易于处理复杂结构的物理边界，因而可方便推广并应用于复杂结构内两相流动的数值研究[93,94]；③ LBM 物理过程清晰，将粒子分布函数的演化划分成碰撞与迁移，并且控制方程的非线性部分只局部存在于碰撞项，具有天然的并行特点，计算效率高[93]。

针对本书所涉及的高速气流作用下液膜在预膜板唇边一次破碎机理的数值研究，需要解决的主要问题是，如何追踪由于气流剪切作用驱使液膜在预膜板上发生波浪流动的自由面、液膜流动到预膜板唇边后堆积的形态、两侧高速气流作用下预膜板唇边液丝的拉伸和卷曲变化，以及液丝发生破碎后所形成游离液体微团和液滴群的迁移。可见，能否有效处理气液、液固相互作用所造成的复杂界面动力学行为是数值方法选择的关键。鉴于 LBM 在此方面的显著优势，本书拟选用该方法来进行后续的研究。

目前，可用于两相流数值模拟的 LBM 模型有 4 种类型：颜色模型（Color－gradient

model)[95]、伪势模型（Pseudo - potential model）[96,97]、自由能模型（Free - energy model）[98,99]和相场模型（Phase - field model）[70,100,101]。大多数早期的LBM两相流模型都只能应用于较小密度比的流体系统。但是，对于本书涉及的燃油-空气系统，液相和气相的密度比通常能达到700，而空气-水系统甚至可以达到1 000。因此，发展能解决大密度比问题的两相流模型一直是LBM中的重要研究课题。早在2004年，Inamuro等人[102]提出了第一个能处理大密度比问题的自由能模型，但该模型在计算压力时需要求解一个额外的泊松方程，从而极大地增加了模型的计算量并且容易造成数值不稳定。Yuan和Schaefer[103]的研究则发现，选择适当的状态方程可提高伪势模型处理大密度比问题的能力，不过其改进后的模型通常只适用于静止的两相流体系统。为了突破这一限制，Li等人[104]通过调整力学稳定性条件克服了伪势模型热力学不相容的缺点，使得改进后的模型在模拟动态两相流问题时密度比可达700。但他们也同时指出，当密度比增大到1 000时会出现数值不稳定问题。Ba等人[105]也通过引入修正的平衡态分布函数提高了颜色模型的数值稳定性，并在计算最大密度比为100的液滴飞溅问题中获得了令人满意的结果。为了改进相场模型使之能处理大密度比问题，Lee等人[106,107]在计算Cahn - Hilliard方程中的梯度项时使用了混合差分格式，但这容易造成质量和动量不守恒[108]。与Lee等人[106]的模型不同，Fakhari和Bolster[109]所构建的大密度比相场模型是基于守恒的Allen - Cahn方程[110]，然而该模型中用于界面捕捉的演化方程无法准确地恢复到宏观方程，这会对模型的计算精度造成不良影响[111]。从上述研究可见，虽然LBM处理大密度比两相流问题的能力已经得到大幅提升，但仍然存在不同程度的缺陷。此外，以上模型在测试大密度比流体系统的适用性时，雷诺数通常都维持在较低水平。若雷诺数增大，模型的稳定性必然面临严峻的挑战。为此，进一步提高LBM两相流模型在大密度比和高雷诺数条件下的数值稳定性和准确性是后续研究的重要一环。

第六节　国内外研究总结分析

一、当前研究不足

虽然国内外学者从不同角度对预膜式空气雾化喷嘴的雾化过程以及与此过程密切相关的两种界面不稳定现象进行了大量的研究，并取得了丰硕的成果。然而，现阶段所做的工作从研究方法到研究内容仍然存在诸多不足，具体如下。

第一，当前对预膜式空气雾化喷嘴雾化过程的研究以实验为主，但实验技术存在的客观限制使其无法对液体在预膜板唇边堆积行为的变化规律以及相界面剧烈拓扑形变的细节进行全面、准确的捕捉。再者，现有的数值研究大多数采用的是以尖锐界面方法为代表的宏观方法，而这一类方法本身存在的固有缺陷使其在相界面发生剧烈拓扑形变时，数值准确性和稳定性无法得到保证。此外，本书拟选用的格子Boltzmann方法虽然在处理复杂界面动力学行为时具有显著优势，但其现有两相流模型在大密度比和高雷诺数条件下的数值稳定性仍需进一步加强。

第二，开尔文-亥姆霍兹（KH）不稳定性和瑞利-泰勒（RT）不稳定性这两种界面不稳定性现象是诱使气液相界面失稳、变形乃至最终发生破碎的重要机制，充分理解这两种不稳定性在相界面拓扑形变中的作用特点，对于分析高速气流作用下液膜在预膜板唇边的一次破碎机理具有重要意义。然而，当前关于 KH 不稳定性和 RT 不稳定性的研究主要考虑了密度、黏度、表面张力、雷诺数等因素对其发展过程的影响，而且更侧重于分析这两种不稳定性发展的线性阶段和弱非线性阶段。此外，大多数相关研究的目的是验证数值方法的准确性，能与实际预膜式空气雾化喷嘴雾化过程保持相近雷诺数、密度比以及黏度比条件的研究仍未见报道。

第三，现阶段关于预膜式空气雾化喷嘴的研究，更侧重于分析空气速度和压力、空气流道的结构形式、液体物性参数（表面张力和黏性）等对二次雾化过程的影响，而对液膜在预膜板唇边的堆积行为和随后形成液丝的摆动、卷曲与一次破碎过程涉及较少。再者，虽然预膜板在预膜式空气雾化喷嘴的雾化过程中充当着重要角色，但是前人在研究中仅考虑过预膜板长度及其唇边厚度对液膜一次破碎过程的影响，并且所得研究结果还存在较大争议。此外，预膜板表面润湿性及其唇边形状对液膜一次破碎过程的影响，目前的研究也从未进行过探讨。

二、本书研究基础

本书完成人长期从事多相流与相变传热领域相关研究，研究方向涉及液膜破碎机理、雾化液滴动力学以及多相流动与相变传热数值模拟方法等。在主持的海洋能源利用与节能教育部重点实验室开放基金课题和河南省重点研发与推广专项（科技攻关）中，“环境条件下液膜一次破碎机理研究”与“高效预膜式空气雾化喷嘴关键技术研究”为本书贡献了一定的预研结果。参与的重点项目“预膜式空气雾化喷嘴雾化特性研究”和“异常条件下燃气轮机燃烧喷嘴工作特性研究”，让本书完成人在雾化光学测量和数值模拟方面积累了丰富经验。基于前期研究经历，本书完成人近年来共发表学术论文 24 篇，其中第一作者 SCI 论文 10 篇（发表于 *International Journal of Heat and Mass Transfer*、*Computers & Mathematics with Applications*、*International Journal of Heat and Fluid Flow* 等期刊），获得过中国节能协会节能减排科技进步奖三等奖、机械工业科技进步奖二等奖、河南省科技进步奖三等奖、广东省轻工业协会科学技术进步奖一等奖。与本书相关的工作如下。

第一，构建了基于相场理论的 LBM 大密度比两相流模型（未考虑湍流），并用其分析了雷诺数和密度比对开尔文-亥姆霍兹不稳定性和瑞利-泰勒不稳定性各发展阶段的影响规律。由于 KH 不稳定性和 RT 不稳定性是引起液膜一次破碎的重要机制，这部分工作对本项目搭建雾化仿真平台以及预膜构件的多目标优化具有重要的理论参考价值。

第二，构建了贴体网格下的三维 LBM 单相流热模型，并且提出了相应网格条件下的边界处理方法。基于该模型和边界处理方法，可更准确求解非正交复杂区域中的速度场和温度场。这部分工作已完成了贴体网格下三维 LBM 模型中离散速度转换矩阵的推导以及迁移过程演化方程的插值重构，所积累的经验可直接用于本项目贴体网格下基于相场理论的 LBM - MRT 大密度比两相流模型的构建。

第三，构建了基于贴体网格的三维 LBM - LES 单相流模型，并用其分析了亚临界区内的圆柱绕流问题。计算结果表明，该模型可准确捕捉圆柱尾迹区内的湍流流场特征。这部分工作成功地将 LBM 单相流模型和亚网格尺度模型耦合到一起并验证了其正确性，相应的思路可指导本项目 LBM 两相流模型与亚网格尺度模型的耦合重构，用以捕捉预膜构件尾迹区内的细致湍流结构。

第四，构建了正交均匀网格下和贴体网格下的 LBM 复合相变模型，并提出了与之相匹配的固体壁面润湿性处理方法。在模拟雾化液滴撞击具有不同润湿性燃气轮机叶片的过程中，上述模型可准确追踪液滴与固体壁面相互作用所造成的气液相界面动力学行为。这部分工作提出的润湿性处理方法可进一步改进使之与本项目构建的 LBM 两相流模型相匹配，以实现预膜构件表面润湿性的准确表达。

三、本书研究方案

预膜式空气雾化喷嘴的一次雾化过程从本质上而言就是高速气流作用下液膜在预膜板唇边的一次破碎过程。针对这一过程，现阶段的研究仍然非常匮乏，而且关于该过程中出现的液膜堆积、液丝形成以及液丝一次破碎间耦合规律的分析也亟须开展。为此，本书以平板式预膜空气雾化喷嘴为研究对象，通过构建适用于当前研究的格子 Boltzmann 两相流模型，对高速气流作用下液膜在预膜板唇边的一次破碎机理进行系统的数值分析，并且重点探讨预膜板表面润湿性和唇边结构（厚度和形状）在液膜堆积、液丝形成以及液丝一次破碎等方面的影响机制。具体的研究工作如下。

1. LBM 基本模型评估及其在贴体网格中的拓展

高速气流作用下液膜在预膜板唇边的一次破碎过程具有气相流动速度高（高雷诺数）的显著特点。另外，本书涉及的不同形状预膜板唇边中存在平面、斜面以及曲面，而贴体网格对于斜面和曲面的描述更加准确。根据上述需求，为了将 LBM 应用于本书以发挥其在处理复杂界面动力学行为方面的优势，当前构建的 LBM 模型需满足如下条件：①在高雷诺数条件下具有优良的数值稳定性和精确性；②在正交均匀网格和贴体网格中均具有良好的适用性。考虑到在 LBM 的基本模型中，多松弛时间（MRT）模型的数值稳定性要优于单松弛时间（SRT）模型，但其在贴体网格中的适用性仍需验证。因此，本书首先将现有的基于贴体网格的 LBM - SRT 单相流模型拓展成相应的 MRT 模型，然后分别利用这两类模型计算雷诺数在 $100\sim1.4\times10^5$ 范围内变化的圆柱绕流问题，接着通过计算结果的对比来评估 MRT 模型两方面的表现：①在不同雷诺数条件下的数值稳定性和精确性；②在贴体网格中的适用性，从而为后续进一步构建适用于本书研究的 LBM 两相流模型奠定基础。

2. 基于相场理论的两相流模型及界面不稳定性研究

高速气流作用下液膜在预膜板唇边的一次破碎过程除了具有气相流速高的特点，还具有液气密度比大的特征。因此，为了克服现有LBM模型在高雷诺数和大密度比条件下数值稳定性和精确性差的缺点，本书基于守恒Allen-Cahn方程，首先构建适用于正交均匀网格的LBM-MRT大密度比两相流模型，并通过拉普拉斯定律对模型的数值计算能力和参数敏感性进行初步评估。与此同时，开尔文-亥姆霍兹（KH）不稳定性和瑞利-泰勒（RT）不稳定性作为引起气液相界面失稳、变形乃至最终发生破碎的重要机制，在高速气流作用下液膜一次破碎过程中发挥着关键作用。为此，根据实际预膜式空气雾化喷嘴雾化过程中的流体参数特点，本书利用上述构建的LBM-MRT大密度比两相流模型，详细考察雷诺数、密度比和黏度比对两种界面不稳定性诱发的相界面卷曲变化与流体间渗透混合的影响规律，并且重点关注高雷诺数和大密度条件下的情况。值得注意的是，针对KH不稳定性和RT不稳定性的相关研究，一方面用于建立液膜一次破碎的理论分析基础。另一方面，由于这两种不稳定性是引起液膜一次破碎的重要机制，所以能否准确捕捉其发展过程中出现的相界面演变特征，也是对上述构建的LBM-MRT两相流模型适用性的进一步验证。

3. 预膜表面润湿性对液膜一次破碎过程的影响机制

高速气流作用下液膜在预膜板唇边的一次破碎机理尚不清晰，而且预膜板表面润湿性作为影响液膜一次破碎的重要因素，其具体的影响机制也亟须探明。为此，本书以平板式预膜空气雾化喷嘴为研究对象，利用上述适用于正交均匀网格的LBM-MRT大密度比两相流模型，对高速气流作用下液膜在预膜板唇边的一次破碎机理进行系统的数值分析，并且重点探讨预膜板表面润湿性的影响机制。具体而言，这部分研究主要包括以下四方面的工作：①确定与实际预膜式空气雾化喷嘴雾化过程相吻合的数值模拟条件，并且提出与上述LBM-MRT大密度两相流模型相匹配的水平壁面润湿性处理方法；②分析液膜堆积、液丝形成以及液丝一次破碎间的耦合规律；③阐明预膜板表面润湿性在液膜堆积、液丝形成以及液丝一次破碎三方面的影响机制；④确定优化液膜一次破碎效果的预膜板表面润湿条件。

4. 预膜板唇边结构对液膜一次破碎过程的影响机制

预膜板唇边厚度对液膜一次破碎过程的影响目前尚存争议。另外，预膜板唇边形状是影响液膜堆积行为以及预膜板近尾迹区内流场的关键因素，因而其在液膜一次破碎过程中的影响机制具有重要研究价值。为此，本书以平板式预膜空气雾化喷嘴为研究对象，进一步探究预膜板唇边厚度和形状对高速气流作用下液膜在预膜板唇边一次破碎过程的影响机制，具体的研究工作包括如下四方面：①将上述构建的适用于正交均匀网格的LBM-MRT大密度比两相流模型拓展到贴体网格中，并且提出适用于曲面（或倾斜壁面）的润湿性处理方法，以此为这部分研究（涉及的预膜板唇边形状存在曲面和斜面）提供精度更高的数值计算工具；②分析并总结不同预膜板唇边厚度下液膜一次破碎过程的变化规律，用以解决前人在预膜板唇边厚度影响机制研究中存在的争议；③改变预膜板唇边形状使其沿顺流方向呈渐缩式变化，分析并总结预膜板唇边形状的改变对液膜一次破碎过程的影响机制；④确定优化液膜一次破碎效果的预膜板唇边结构特点。

根据上述研究内容所绘制的技术路线如图 1－9 所示。

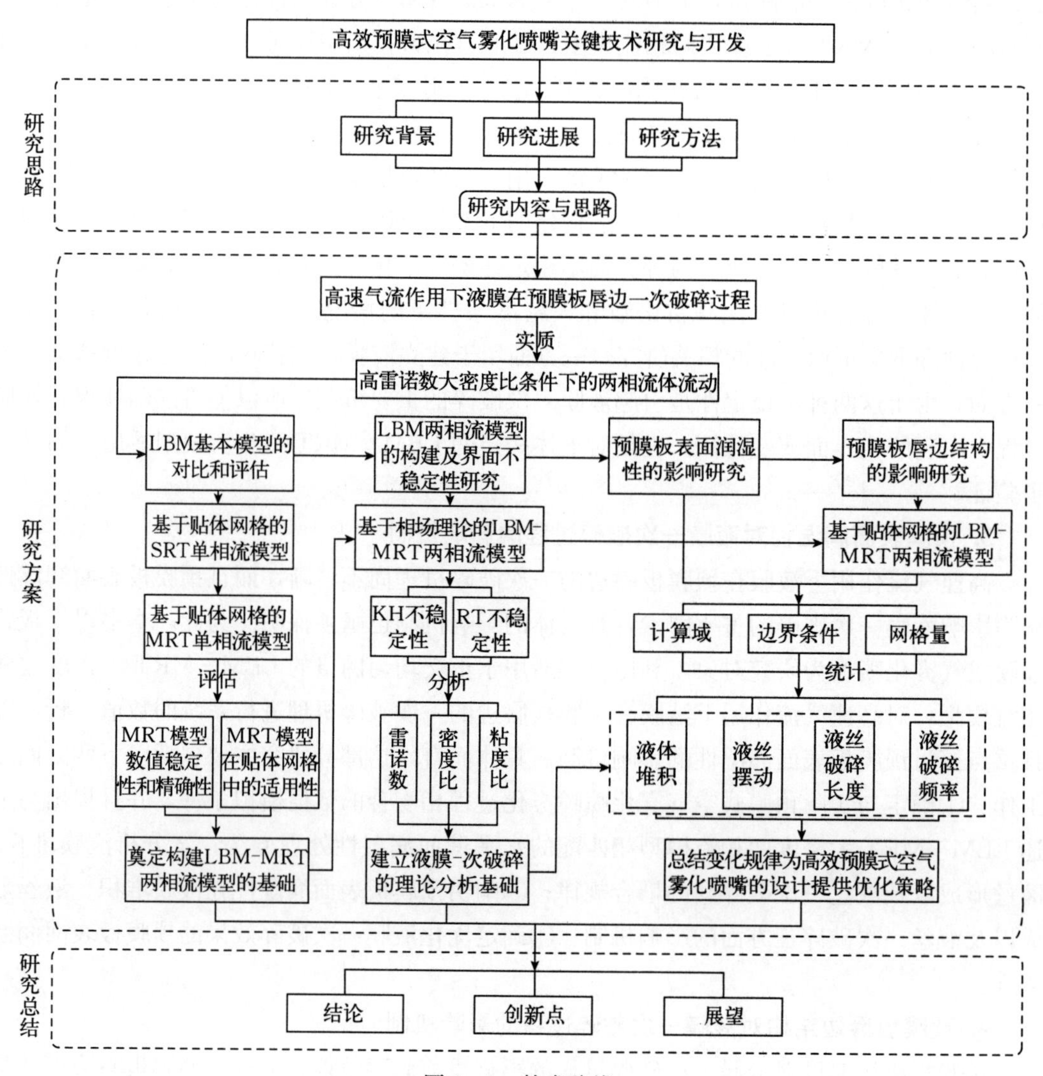

图 1－9　技术路线

第二章

LBM 基本模型评估及其在贴体网格中的拓展

第一节 LBM 基本原理概述

LBM 是一种基于分子动理论的介观数值计算方法，历史上源于 20 世纪 70 年代提出并发展起来的格子气自动机（Lattice gas automata，LGA）[112,113]，但其克服了 LGA 统计噪声大、碰撞算子复杂以及不满足伽利略不变性等缺点。在 LGA 中，流体被视作大量的离散粒子，这些粒子被置于格子（Lattice）之上，并按照一定的规则进行碰撞和迁移。LBM 继承了 LGA 这一属性，但是用粒子分布函数取代了 LGA 中的粒子本身进行演化，其演化方程直接采用格子 Boltzmann 方程，且宏观物理量如密度和速度等也直接通过粒子分布函数求得。与传统计算流体动力学（Computational fluid dynamics，CFD）方法相比，LBM 的介观背景使其兼具微观方法假设少的特点和宏观方法不关注分子运动细节的优势，因此该方法更便于处理流体与流体、流体与固体间的相互作用。

单松弛时间（Single - relaxation - time，SRT）模型或 LBGK 模型是目前 LBM 中应用最为广泛的模型，并且以钱跃竑等人[82,114]在 1992 年提出的 DnQb（n 维空间，b 个离散速度）系列模型最具代表性。在这一类模型中，碰撞过程只使用单个松弛时间，且运动黏度 ν 和无量纲松弛时间 τ 具有以下关系

$$\tau=\frac{\nu}{c_s^2\delta t}+0.5=\frac{UL}{Rec_s^2\delta t}+0.5 \tag{2-1}$$

其中，c_s 为格子声速（与格子类型相关的常数），δt 为时间步长，Re 为雷诺数，U 和 L 分别为特征速度和特征尺寸。对于不可压缩流动，U 的取值需要使马赫数小于 0.1，即 $Ma=U/c_s<0.1$。

由式 2-1 可以看出，当雷诺数增大，无量纲松弛时间会向 0.5 靠近。而 Sterling 和 Chen[115]的研究指出，这样的趋势会造成 LBM 的数值稳定性变差。为了提高 LBM 在高雷诺数条件下的数值稳定性，常规的做法是增大网格量（L 增大），但这无疑会降低数值计算的效率。另一方面，Lallemand 和 Luo[116]提出了一种广义的模型。该模型区别于 SRT 模型之处在于其在碰撞过程中使用多个松弛时间，所以也被称作多松弛时间（Multiple - relaxation - time，MRT）模型。研究表明，MRT 模型在数值稳定性、参数选取和物理原

理方面都有很大的优势。

在上述 LBM 基本模型中，通常要求计算网格为正交均匀网格，以此来保证粒子分布函数在经过一个时间步长的迁移过后能恰好到达相邻网格节点。然而，当所面对的物理区域具有不规则几何形状时，采用正交均匀网格则只能通过阶梯逼近来处理其边界，这样一来会极大地降低计算精度。为了解决这一问题，国内外学者相继进行了大量研究并发展出多种解决方案[117-124]，其中具有代表性的是 Imamura 等人[125,126]基于贴体网格提出的通用插值格子 Boltzmann 方法（Generalized form of interpolation - supplemented LBM, GILBM)。该方法的核心思想是利用贴体网格对不规则物理区域进行划分，从而实现边界特征的准确描述和物理区域的网格局部加密，但实际计算过程转换到规则计算区域中完成，并且计算区域采用正交均匀网格来划分。

综上所述，由于本书研究的高速气流作用下液膜在预膜板唇边的一次破碎过程具有气相流动速度高（高雷诺数）的特点，所以 MRT 模型的应用优势更为显著。与此同时，考虑到后续研究涉及的不同形状预膜板唇边存在平面、斜面和曲面，而其中的斜面和曲面采用贴体网格来描述更加准确，因而本书采用的 LBM 模型还应保证在正交均匀网格和贴体网格中均具有良好的适用性。但是，MRT 模型目前仅在正交均匀网格中被广泛使用，其在贴体网格中的适用性仍需进一步验证。为此，本章首先将 Imamura 等人[125,126]提出的基于贴体网格的 LBM - SRT 单相流模型拓展成相应的 MRT 模型，然后分别利用这两类模型计算雷诺数在 $100\sim1.4\times10^5$ 范围内变化的圆柱绕流问题，接着通过计算结果的对比来评估 MRT 模型在不同雷诺数条件下的数值稳定性和精确性以及在贴体网格中的适用性，从而为后续构建适用于本书研究的 LBM 两相流模型奠定基础。

第二节　基于贴体网格的 LBM 单相流模型

一、基于贴体网格的 LBM - SRT 单相流模型

目前，Imamura 等人[125,126]在其研究中仅给出了基于贴体网格的 LBM - SRT 单相流模型的二维形式，而本章后续计算的圆柱绕流问题在雷诺数为 1.4×10^5 时，圆柱尾迹内的流体流动具有三维特征。因此，本节的主要任务是将现有的二维模型拓展到三维，用以完善基于贴体网格的 LBM - SRT 单相流模型体系，该过程需要重新推导三维模型的离散速度转换矩阵和迁移过程的插值公式。

首先，物理区域中的演化方程可分解成如下的碰撞和迁移两部分

$$\text{碰撞：} f_i^*(\boldsymbol{x},t)=f_i(\boldsymbol{x},t)-\frac{1}{\tau}\left[f_i(\boldsymbol{x},t)-f_i^{eq}(\boldsymbol{x},t)\right] \tag{2-2}$$

$$\text{迁移：} f_i(\boldsymbol{x},t+\delta t)=f_i^*(\boldsymbol{x}-\boldsymbol{e}_i\delta t,t) \tag{2-3}$$

式中，f_i 和 f_i^* 分别代表碰撞前和碰撞后 i 方向的粒子分布函数，t 是时间，$\boldsymbol{x}$ 是物理区域的坐标。

f_i^{eq} 作为平衡态粒子分布函数，其定义式为

$$f_i^{eq}=\rho\omega_i\left[1+\frac{\boldsymbol{e}_i\cdot\boldsymbol{u}}{c_s^2}+\frac{(\boldsymbol{e}_i\cdot\boldsymbol{u})^2}{2c_s^4}-\frac{\boldsymbol{u}^2}{2c_s^2}\right] \tag{2-4}$$

其中，ρ 和 $\boldsymbol{u}$ 分别是宏观密度和速度，ω_i 是权系数，$\boldsymbol{e}_i$ 是离散速度。ω_i、$\boldsymbol{e}_i$ 和 c_s 的取值依赖于离散速度模型 DnQb，本节分别选取 D2Q9 和 D3Q19 用于二维和三维计算。

D2Q9：

$$\boldsymbol{e}_i=\begin{bmatrix}0 & 1 & 0 & -1 & 0 & 1 & -1 & -1 & 1\\ 0 & 0 & 1 & 0 & -1 & 1 & 1 & -1 & -1\end{bmatrix}$$

$$\omega_0=4/9，\omega_{1-4}=1/9，\omega_{5-8}=1/36；c_s^2=1/3$$

D3Q19：

$$\boldsymbol{e}_i=\begin{bmatrix}0 & 1 & -1 & 0 & 0 & 0 & 0 & 1 & -1 & 1 & -1 & 1 & -1 & 1 & -1 & 0 & 0 & 0 & 0\\ 0 & 0 & 0 & 1 & -1 & 0 & 0 & 1 & -1 & -1 & 1 & 0 & 0 & 0 & 0 & 1 & -1 & 1 & -1\\ 0 & 0 & 0 & 0 & 0 & 1 & -1 & 0 & 0 & 0 & 0 & 1 & -1 & -1 & 1 & 1 & -1 & -1 & 1\end{bmatrix}$$

$$\omega_0=1/3，\omega_{1-6}=1/18，\omega_{7-18}=1/36；c_s^2=1/3$$

根据 GILBM 的具体实施思路，需要将不规则物理区域中的演化方程转换到规则计算区域（坐标为$\boldsymbol{\xi}$）中，如图 2-1 所示（以三维为例）。由于碰撞过程只在当前格点进行，不涉及相邻格点，因此计算区域中对应的演化方程与式 2-2 在形式上完全一致，只有坐标需要变换

$$f_i^*(\boldsymbol{\xi},t)=f_i(\boldsymbol{\xi},t)-\frac{1}{\tau}\left[f_i(\boldsymbol{\xi},t)-f_i^{eq}(\boldsymbol{\xi},t)\right] \tag{2-5}$$

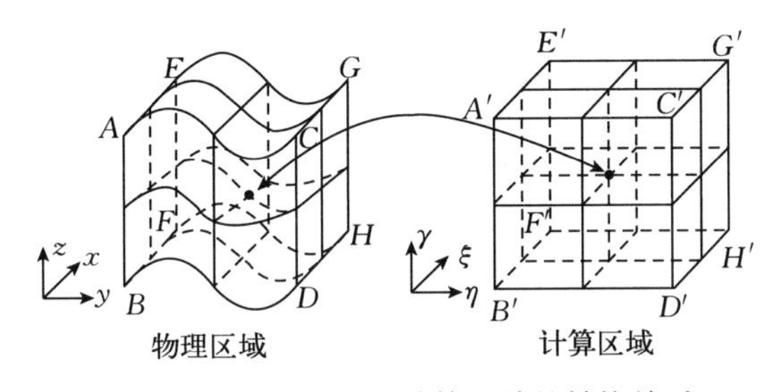

图 2-1　物理区域和计算区域的转换关系

对于迁移过程，因为演化方程中含有离散速度，而物理区域和计算区域中的离散速度存在很大的差异，所以相应的转换过程需要特殊处理。如图 2-2 所示（以三维为例），为离散速度矢量 $\boldsymbol{e}_7$ 的分布示意图，其大小和方向在物理区域中各个格点处是一致的，但是在计算区域中则随着格点的变化而变化。因此，计算区域中的离散速度又被称作逆变速度 $\tilde{\boldsymbol{e}}_i$[126]，具体的定义如下

$$\tilde{\boldsymbol{e}}_{i,\alpha}=\boldsymbol{e}_{i,\beta}\frac{\partial\xi_\alpha}{\partial x_\beta} \tag{2-6}$$

式中，α 和 β 表示的是空间维度。

对于上式右端的偏导项，直接求解比较困难，但是可以通过如下的雅可比转换来间接求得

$$\frac{\partial \xi_\alpha}{\partial x_\beta}=\frac{A_{\alpha\beta}}{J} \tag{2-7}$$

其中，J 是雅可比行列式，$A_{\alpha\beta}$是转换矩阵。

J 和$A_{\alpha\beta}$在二维和三维空间中的表达式分别为

二维：

$$J=\begin{vmatrix} x_\xi & y_\xi \\ x_\eta & y_\eta \end{vmatrix},\ A_{\alpha\beta}=\begin{vmatrix} y_\eta & -x_\eta \\ -y_\xi & x_\xi \end{vmatrix} \tag{2-8}$$

三维：

$$J=\begin{vmatrix} x_\xi & y_\xi & z_\xi \\ x_\eta & y_\eta & z_\eta \\ x_\gamma & y_\gamma & z_\gamma \end{vmatrix},\ A_{\alpha\beta}=\begin{bmatrix} y_\eta z_\gamma - y_\gamma z_\eta & x_\gamma z_\eta - x_\eta z_\gamma & x_\eta y_\gamma - x_\gamma y_\eta \\ y_\gamma z_\xi - y_\xi z_\gamma & x_\xi z_\gamma - x_\gamma z_\xi & x_\gamma y_\xi - x_\xi y_\gamma \\ y_\xi z_\eta - y_\eta z_\xi & x_\eta z_\xi - x_\xi z_\eta & x_\xi y_\eta - x_\eta y_\xi \end{bmatrix} \tag{2-9}$$

为了保证模型的整体计算精度，式 2-8 和式 2-9 中的偏导项（例如 $x_\xi=\partial x/\partial \xi$）采用二阶中心差分来计算。

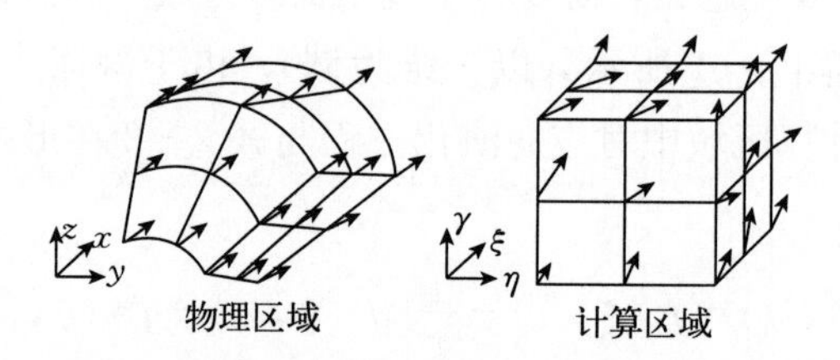

图 2-2　物理区域和计算区域中的离散速度示意图

当获得计算区域中各个格点处的逆变速度后，迁移距离 $\Delta\boldsymbol{\xi}_{up,i}$ 则可以通过对逆变速度在一个时间步长内进行积分来求得

$$\Delta\boldsymbol{\xi}_{up,i}=\int_0^{\delta t}\mathrm{d}\boldsymbol{\xi}_i=\int_0^{\delta t}\tilde{\boldsymbol{e}}_i d\mathrm{t} \tag{2-10}$$

式 2-10 中的积分采用二阶 Runge-Kutta 方法来计算，用以确保截断误差与 LBM 一致[125]

$$1^{\text{st}}\ \text{step}：\Delta\boldsymbol{\xi}_{up,i}^{(1)}=\frac{1}{2}\delta t\tilde{\boldsymbol{e}}_i(\boldsymbol{\xi}) \tag{2-11}$$

$$2^{\text{nd}}\ \text{step}：\Delta\boldsymbol{\xi}_{up,i}=\delta t\tilde{\boldsymbol{e}}_i(\boldsymbol{\xi}-\Delta\boldsymbol{\xi}_{up,i}^{(1)})+O(\delta t^3) \tag{2-12}$$

在计算出迁移距离之后，计算区域中迁移过程的演化方程可进一步写成式 2-13

$$f_i(\boldsymbol{\xi},\ t+\delta t)=f_i^*(\boldsymbol{\xi}-\Delta\boldsymbol{\xi}_{up,i},\ t) \tag{2-13}$$

由于式 2-13 右端的坐标位置$\boldsymbol{\xi}-\Delta\boldsymbol{\xi}_{up,i}$通常并不位于计算区域的网格格点上，因此需要通过插值来确定迁移后的粒子分布函数值。根据 Imamura 等人[125]建议，这里选用二阶抛物线插值来保证计算精度。

二维：

$$f_i(\boldsymbol{\xi},t+\delta t)=f_i^*(\boldsymbol{\xi}-\Delta\boldsymbol{\xi}_{up,i},t)=\sum_{k=0}^{2}\sum_{l=0}^{2}a_{i,k,\xi}\,a_{i,l,\eta}f_i^*(\xi_{m+k\cdot md},\eta_{n+l\cdot nd},t) \tag{2-14}$$

三维：

$$f_i(\boldsymbol{\xi},t+\delta t)=f_i^*(\boldsymbol{\xi}-\Delta\boldsymbol{\xi}_{up,i},t)=\sum_{k=0}^{2}\sum_{l=0}^{2}\sum_{s=0}^{2}a_{i,k,\xi}a_{i,l,\eta}a_{i,s,\gamma}f_i^*(\xi_{m+k\cdot md},\eta_{n+l\cdot nd},\gamma_{p+s\cdot pd},t) \tag{2-15}$$

其中，$md=\mathrm{sgn}(\Delta\xi_{up,i,\xi})$，$nd=\mathrm{sgn}(\Delta\xi_{up,i,\eta})$和$pd=\mathrm{sgn}(\Delta\xi_{up,i,\gamma})$是用于确定插值格点的符号函数，$a_{i,k,\xi}$、$a_{i,l,\eta}$和$a_{i,s,\gamma}$为插值系数。

对于计算区域的内部格点（不包括边界和与之相邻的格点）其计算式如下

$$\begin{aligned}a_{i,0,\alpha}&=\frac{1}{2}(|\Delta\xi_{up,i,\alpha}|-1)(|\Delta\xi_{up,i,\alpha}|-2)\\a_{i,1,\alpha}&=-|\Delta\xi_{up,i,\alpha}|(|\Delta\xi_{up,i,\alpha}|-2)\\a_{i,2,\alpha}&=\frac{1}{2}|\Delta\xi_{up,i,\alpha}|(|\Delta\xi_{up,i,\alpha}|-1)\end{aligned} \tag{2-16}$$

而对于与边界相邻的格点，插值系数的计算式为

$$\begin{aligned}a_{i,0,\alpha}&=\frac{1}{2}\Delta\xi_{up,i,\alpha}(\Delta\xi_{up,i,\alpha}-1)\\a_{i,1,\alpha}&=1-\Delta\xi_{up,i,\alpha}^2\\a_{i,2,\alpha}&=\frac{1}{2}\Delta\xi_{up,i,\alpha}(\Delta\xi_{up,i,\alpha}+1)\end{aligned} \tag{2-17}$$

与标准的 LBM 模型中时间步长设定为 1 不同，当前模型中采用的时间步长需要按照式 2-18 来确定

$$\delta t=\min_{i,\alpha}\left|\frac{1}{\tilde{\boldsymbol{e}}_{i,\alpha}|_{\xi}}\right| \tag{2-18}$$

按照上述方法，可以使得粒子分布函数在经过一个时间步长的迁移过后，其坐标不会超出以当前格点为中心的相邻网格区域，从而确保式 2-14 和式 2-15 中的插值过程能顺利进行[127]。此外，式 2-18 确定的时间步长通常会小于 1，由式 2-1 可知相应的无量纲松弛时间也会有所增加，所以该确定时间步长的方法在一定程度上能够提高模型的数值稳定性。最后，宏观物理量计算如下

$$\rho=\sum_i f_i,\ \boldsymbol{u}=\frac{1}{\rho}\sum_i f_i\boldsymbol{e}_i \tag{2-19}$$

二、基于贴体网格的 LBM-MRT 单相流模型

鉴于 MRT 模型在数值稳定性方面的优势，本节进一步将上述基于贴体网格的 LBM-SRT 单相流模型发展成 MRT 模型。与 SRT 模型相比，MRT 模型的最大特点是在碰撞过程中使用多个松弛时间，并且将碰撞过程的演化从速度空间转换到矩空间，而迁移过程保持不变。为此，当式 2-5 与 MRT 碰撞算子耦合以后，可以将其改写成如下的通用形式

$$f_i^*(\boldsymbol{\xi},t)=f_i(\boldsymbol{\xi},t)-\Lambda_{ij}[f_j-f_j^{eq}]|_{(\xi,t)} \tag{2-20}$$

式中，Λ_{ij}代表的是碰撞矩阵$\boldsymbol{\Lambda}=\mathbf{M}^{-1}\mathbf{SM}$中的元素[116]。此处，$\mathbf{M}$和$\mathbf{S}$分别表示正交变换矩阵和松弛时间对角阵，二者的取值和形式依赖于所选用的离散速度模型 DnQb。

D2Q9：

$$
\mathbf{M}=\begin{pmatrix}
1 & 1 & 1 & 1 & 1 & 1 & 1 & 1 & 1 \\
-4 & -1 & -1 & -1 & -1 & 2 & 2 & 2 & 2 \\
4 & -2 & -2 & -2 & -2 & 1 & 1 & 1 & 1 \\
0 & 1 & 0 & -1 & 0 & 1 & -1 & -1 & 1 \\
0 & -2 & 0 & 2 & 0 & 1 & -1 & -1 & 1 \\
0 & 0 & 1 & 0 & -1 & 1 & 1 & -1 & -1 \\
0 & 0 & -2 & 0 & 2 & 1 & 1 & -1 & -1 \\
0 & 1 & -1 & 1 & -1 & 0 & 0 & 0 & 0 \\
0 & 0 & 0 & 0 & 0 & 1 & -1 & 1 & -1
\end{pmatrix}
$$

$$\mathbf{S}=\mathrm{diag}(s_0,\ s_1,\ s_2,\ s_3,\ s_4,\ s_5,\ s_6,\ s_7,\ s_8)$$

D3Q19：

$$
\mathbf{M}=\begin{pmatrix}
1 & 1 & 1 & 1 & 1 & 1 & 1 & 1 & 1 & 1 & 1 & 1 & 1 & 1 & 1 & 1 & 1 & 1 & 1 \\
-30 & -11 & -11 & -11 & -11 & -11 & -11 & 8 & 8 & 8 & 8 & 8 & 8 & 8 & 8 & 8 & 8 & 8 & 8 \\
12 & -4 & -4 & -4 & -4 & -4 & -4 & 1 & 1 & 1 & 1 & 1 & 1 & 1 & 1 & 1 & 1 & 1 & 1 \\
0 & 1 & -1 & 0 & 0 & 0 & 0 & 1 & -1 & 1 & -1 & 1 & -1 & 1 & -1 & 0 & 0 & 0 & 0 \\
0 & -4 & 4 & 0 & 0 & 0 & 0 & 1 & -1 & 1 & -1 & 1 & -1 & 1 & -1 & 0 & 0 & 0 & 0 \\
0 & 0 & 0 & 1 & -1 & 0 & 0 & 1 & 1 & -1 & -1 & 0 & 0 & 0 & 0 & 1 & -1 & 1 & -1 \\
0 & 0 & 0 & -4 & 4 & 0 & 0 & 1 & 1 & -1 & -1 & 0 & 0 & 0 & 0 & 1 & -1 & 1 & -1 \\
0 & 0 & 0 & 0 & 0 & 1 & -1 & 0 & 0 & 0 & 0 & 1 & 1 & -1 & -1 & 1 & 1 & -1 & -1 \\
0 & 0 & 0 & 0 & 0 & -4 & 4 & 0 & 0 & 0 & 0 & 1 & 1 & -1 & -1 & 1 & 1 & -1 & -1 \\
0 & 2 & 2 & -1 & -1 & -1 & -1 & 1 & 1 & 1 & 1 & 1 & 1 & 1 & 1 & -2 & -2 & -2 & -2 \\
0 & -4 & -4 & 2 & 2 & 2 & 2 & 1 & 1 & 1 & 1 & 1 & 1 & 1 & 1 & -2 & -2 & -2 & -2 \\
0 & 0 & 0 & 1 & 1 & -1 & -1 & 1 & 1 & 1 & 1 & -1 & -1 & -1 & -1 & 0 & 0 & 0 & 0 \\
0 & 0 & 0 & -2 & -2 & 2 & 2 & 1 & 1 & 1 & 1 & -1 & -1 & -1 & -1 & 0 & 0 & 0 & 0 \\
0 & 0 & 0 & 0 & 0 & 0 & 0 & 1 & -1 & -1 & 1 & 0 & 0 & 0 & 0 & 0 & 0 & 0 & 0 \\
0 & 0 & 0 & 0 & 0 & 0 & 0 & 0 & 0 & 0 & 0 & 0 & 0 & 0 & 0 & 1 & -1 & -1 & 1 \\
0 & 0 & 0 & 0 & 0 & 0 & 0 & 0 & 0 & 0 & 0 & 1 & -1 & -1 & 1 & 0 & 0 & 0 & 0 \\
0 & 0 & 0 & 0 & 0 & 0 & 0 & 1 & -1 & 1 & -1 & -1 & 1 & -1 & 1 & 0 & 0 & 0 & 0 \\
0 & 0 & 0 & 0 & 0 & 0 & 0 & -1 & -1 & 1 & 1 & 0 & 0 & 0 & 0 & 1 & -1 & 1 & -1 \\
0 & 0 & 0 & 0 & 0 & 0 & 0 & 0 & 0 & 0 & 0 & 1 & 1 & -1 & -1 & -1 & -1 & 1 & 1
\end{pmatrix}
$$

$$\mathbf{S}=\mathrm{diag}(s_0,\ s_1,\ s_2,\ s_3,\ s_4,\ s_5,\ s_6,\ s_7,\ s_8,\ s_9,\ s_{10},\ s_{11},\ s_{12},\ s_{13},\ s_{14},\ s_{15},\ s_{16},\ s_{17},\ s_{18})$$

需要指出的是，如果松弛时间对角阵 **S** 中的所有松弛因子 s_i 都取同一个值，MRT 模型则退化到 SRT 模型，所以 SRT 模型（或 LBGK 模型）可以看作是 MRT 模型的一个特例。关于松弛因子的取值特点，可参考郭照立等人[83]和 Lallemand 等人[116]的研究，其中需要特别注意的是与运动黏度［$\tau=\nu/(c_s^2\delta t)+0.5$］直接相关的松弛因子：对于 D2Q9 模型，有 $s_7=s_8=1/\tau$；对于 D3Q19 模型，有 $s_9=s_{11}=s_{13}=s_{14}=s_{15}=1/\tau$。

将 $\mathbf{\Lambda}=\mathbf{M}^{-1}\mathbf{SM}$ 代入式 2-20 中，可得到如下的矢量表达式

$$\mathbf{f}^*=\mathbf{f}-\mathbf{M}^{-1}\mathbf{SM}[\mathbf{f}-\mathbf{f}^{eq}] \tag{2-21}$$

其中，$\mathbf{f}^*$、$\mathbf{f}$ 和 $\mathbf{f}^{eq}$ 分别为 f_i^*、f_i 和 f_i^{eq} 的矢量形式。

在式 2-21 的左右两端分别左乘正交变换矩阵 $\mathbf{M}$ 将其转入矩空间

$$\mathbf{m}_f^*=\mathbf{m}_f-\mathbf{S}[\mathbf{m}_f-\mathbf{m}_f^{eq}] \tag{2-22}$$

式中，$\mathbf{m}_f^*=\mathbf{Mf}^*$、$\mathbf{m}_f=\mathbf{Mf}$ 和 $\mathbf{m}_f^{eq}=\mathbf{Mf}^{eq}$ 分别是相应的矢量在矩空间中的形式。

当通过式 2-22 求得 $\mathbf{m}_f^*$ 以后，速度空间中碰撞后的分布函数矢量可进一步由下式来计算

$$\mathbf{f}^*=\mathbf{M}^{-1}\mathbf{m}_f^* \tag{2-23}$$

到此，碰撞过程在矩空间中的演化结束，后续的迁移过程和宏观量计算与 SRT 模型完全一致。

三、贴体网格生成技术

在对物理问题进行理论分析时，最理想的是采用各坐标轴与计算区域的边界相贴合的坐标系统。例如，直角坐标系在分析矩形计算区域时可以将其完美地划分，而极坐标则可以很好地描述扇形计算区域。虽然也可以利用直角坐标系来描述非矩形区域，即不规则边界由阶梯型网格来逼近，但其对边界的描述将不再准确。为了解决这个问题，本书引入贴体坐标，其坐标轴能与计算区域边界完全贴合。实际上，直角坐标系和极坐标系正是矩形区域与扇形区域的贴体坐标系。

生成贴体网格的实质就是找出计算平面和物理平面中相应计算区域间对应的解析关系或者数值关系，这样一来，贴体网格的生成问题就可以看成一个边值问题，而对于边值问题的求解则是偏微分方程计算领域中的一个经典问题。因此，本书网格生成方法选取能使所生成的网格通过更完善、合理的偏微分方程法实现。该方法最早由 Mnslow 等人于 1967 年提出，经过 Thompson、Thames 和 Martin 等人的全面系统研究，提出了所谓的 TTM 方法。TTM 方法是用椭圆型偏微分方程来生成网格的方法，下文将详细介绍这一方法。

用椭圆型方程生成网格时，我们已知：计算平面上用 ξ 坐标来描述的简化区域，经均匀网格划分以后计算域中包含的节点数及其位置；物理平面上通过边界节点的疏密设置来反映计算域中各处的量变大小，即在量变剧烈的地方网格密一些、平缓的地方则疏一些。在知晓这些信息的基础上，问题的关键是选择合适的物理平面与计算平面的对应关系，这是本书选用数学上描写边值问题最简单的 Laplace 方程。从物理平面出发，把 ξ 看成物理平面上被求解的因变量，在已知物理平面边界节点坐标 x 和与之对应的 ξ 的条件下，根据 Laplace 方程的解具有唯一性这一特点，可求出与物理平面内部点坐标对应的计算平面上的坐标，即 ξ 是物理平面上 Laplace 方程的解。虽然对于 Laplace 方程的数值计算问题已经有很成熟的研究，但确定物理平面上具有不规则边界的计算区域的具体坐标值仍然存在一定的困难。从计算平面出发，由于相应求解区域被简化成一个规则的矩形区域，从而在

规定好网格总数后随即可获得边界点的坐标值。所谓计算平面上的边值问题则变成通过求解微分方程来确定与计算平面求解区域内各点相应的物理平面上的坐标。

四、边界处理方法概述

边界条件对于流体的流动和换热极为重要。例如，在稳态问题中，初始条件对速度场和温度场的影响随着系统趋于稳定逐渐消失，起关键作用的将是边界条件。同样，在利用格子 Boltzmann 方法进行数值计算时，每经历一个时间步长，计算区域内的流体粒子发生碰撞迁移，使得流体节点上粒子的分布函数值得到更新。但是，边界节点上部分离散方向上的分布函数的值却并没有得到更新，这部分内容即属于格子 Boltzmann 方法中的边界处理过程。按照边界处理格式的特点，基本可以划分为动力学边界处理格式、启发式边界处理格式、外推边界处理格式。由于各类边界处理格式包括众多子方法，此处就几种常用的边界处理格式进行简要介绍。

（一）周期边界处理方法

周期边界处理方法适用于计算区域中流场呈周期性变化或者在某方向为无穷大的情况，是启发式边界处理格式中的一种。该方法在边界处理时，认为在周期性单元中流体粒子是循环往复的，从流场边界的一侧离开，在下一个时间步长内又会从另外一侧的流场边界重新流入。对于计算边界的这种周期性处理，不仅可以保证流体系统动量和质量守恒，还使得数值计算过程稳定性变好，且边界处理的具体实施也变得容易。

（二）反弹边界处理方法

对于具有静止固体边界的计算区域，边界处理采用反弹格式是个很好的选择，这样对于边界上的粒子即可用反弹来处理，该处理方法在计算多孔介质问题时也具有得天独厚的优势。假设 $j=1$ 为计算域下侧静止的固体边界，$j=2$ 为临近固体边界的内部层，具体的处理过程如下：分布函数 f_4 由内部流体节点（i，2）迁移到边界节点（i，2）后，不与固体边界碰撞随即按原路返回（f_2），因此节点（i，1）处的分布函数 f_2 即可获得。边界节点（i，1）上粒子的其他方向的分布函数也可通过类似的方法来获得：$f_{2,5,6}$（i，1）$=$ $f_{4,7,8}$（i，2）。上述标准反弹格式尽管具有清晰的物理过程，且操作简单易行，但是只有一阶精度，这将降低 LBM 方法的整体计算精度。为了解决反弹格式的精度问题，学者们又提出了具有二阶精度的半步长反弹和修正反弹两种处理格式，弥补了标准反弹格式精度不足的缺陷。

（三）充分发展边界处理方法

当通道中流体流动达到充分发展以后，或者流体流动处于无限大空间之内，密度、速度以及压力等宏观物理量在主流方向或远场处都将保持恒定不再变化，此类问题的边界处理以二维平板通道中的 Poiseuille 流为例，可按如下方法进行：出口边界上的节点三个方向的分布函数 f_3、f_6 和 f_7 未知，可与临近边界的内层流体节点上相应分布函取分量做相等处理，表达式为：$f_{3,6,7}$（N_x，j）$=$ $f_{3,6,7}$（N_{x-1}，j），其中 N_x 表示计算域右边界的横坐标，N_{x-1}为与之相临的内层流体节点的横坐标。同样，充分发展问题的边界处理也可采用速度更新法，首先对远场处或出口边界的宏观速度获取方法为：$\boldsymbol{u}(N_x, j)=\boldsymbol{u}(N_{x-1}, j)$，然后假设边界上的未知分布函数满足平衡态分布函数即可。

（四）非平衡态外推处理方法

非平衡态外推处理方法将计算域边界节点的分布函数分为平衡态和非平衡态两个部分，其中平衡态部分可根据已知的宏观边界条件来获得，而非平衡态部分则采用临近的内部流体节点相应的部分来替代。

第三节　模型验证与评估：圆柱绕流

为了评估上述基于贴体网格的 SRT 模型和 MRT 模型在数值稳定性和精确性方面的表现，本节分别利用这两类模型计算雷诺数在 $100\sim1.4\times10^5$ 范围内变化的圆柱绕流问题，并对相应的计算结果进行对比和分析。

一、网格划分方法

如图 2－3 所示为圆柱绕流问题的计算示意图，其中流体在初始时刻以沿 x 方向的远场速度 U_∞ 掠过直径为 D 的圆柱表面。相应的计算网格按照“近密远疏”的原则生成，即在靠近圆柱表面的区域对网格进行局部加密，而在远场区域设置相对稀疏的网格，以此来保证最佳的计算精度和计算效率[128]，详见图 2－4。为此，三维物理区域中贴体网格的节点位置按照如下的极坐标形式给定

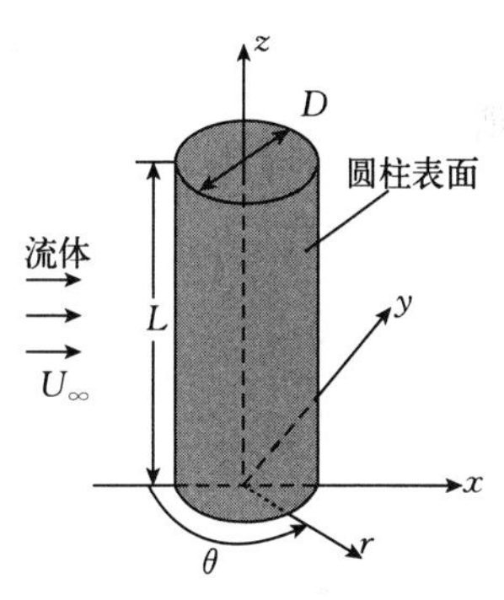

图 2－3　圆柱绕流示意图

$$\begin{cases} r=\dfrac{D}{2}e^{\frac{a_s\eta}{NY}},\ \eta=0,\ 1,\ \cdots,\ NY \\ \theta=\dfrac{2\pi\xi}{NX},\ \xi=0,\ 1,\ \cdots,\ NX \\ z=\dfrac{L\gamma}{NZ},\ \gamma=0,\ 1,\ \cdots,\ NZ \end{cases} \tag{2-24}$$

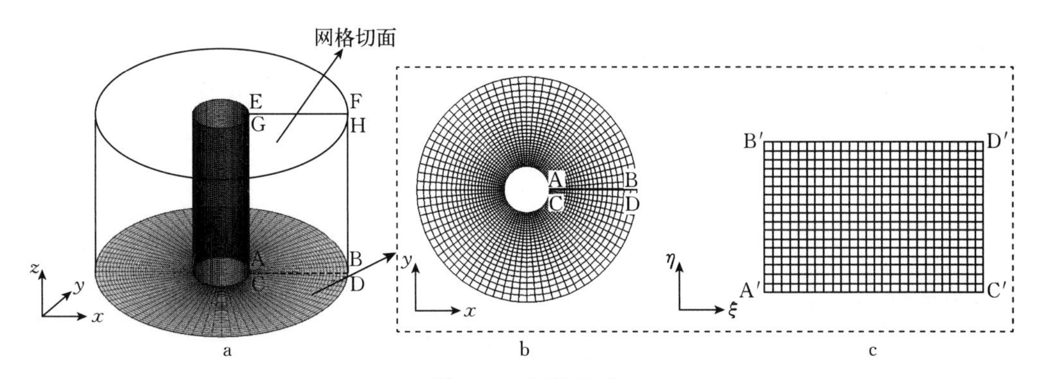

图 2－4　网格生成

a. 三维物理区域　b. 二维物理平面　c. 二维计算平面

其中，a_s 是用于调节网格疏密程度的系数，NX、NY 和 NZ 分别为三个对应方向的网格数量。L 是圆柱的轴向长度，且 $L=\pi D$。

另外，在与实际物理区域相对应的计算区域中，采用如图 2-4c 所示的正交均匀网格。

二、边界条件与初始条件

实际计算区域和物理区域的边界对应关系，如图 2-5 所示。首先，将物理区域沿轴向“切开”（图 2-4a 中所示），所形成的两个“切面”分别对应计算区域的左右边界，而远场曲面和圆柱壁面则分别对应计算区域的上下边界。根据上述边界对应关系，计算区域的上下边界分别设定为远场边界和无滑移边界，采用非平衡外推格式来处理[129-131]，即

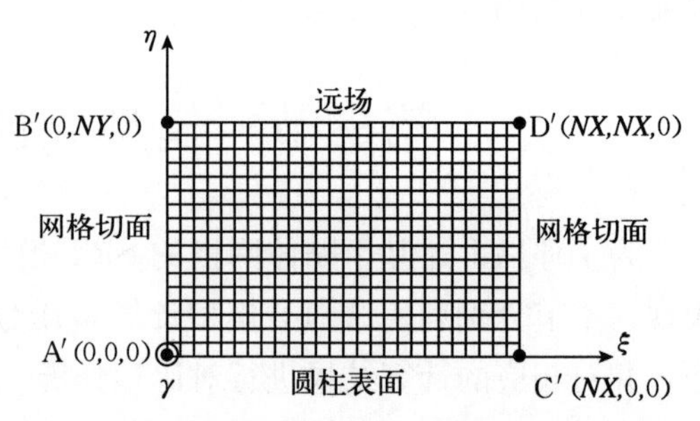

图 2-5　计算区域和物理区域的边界对应关系

$$f_i(\xi,\ 0,\ \gamma,\ t)=f_i^{eq}[\rho(\xi,\ 1,\ \gamma),\ \boldsymbol{u}(\xi,\ 0,\ \gamma),\ t]+[f_i(\xi,\ 1,\ \gamma,\ t)-f_i^{eq}(\xi,\ 1,\ \gamma,\ t)] \tag{2-25}$$

而计算区域的左右边界和轴向边界则设定为周期边界[132]。

初始流场设定如下

$$\begin{cases} u_x=U_\infty\dfrac{D\sin\theta}{2r},\ u_y=-U_\infty\dfrac{D\cos\theta}{2r},\ u_z=0.0 \quad (0\leqslant\eta\leqslant D) \\ u_x=U_\infty,\ u_y=0.0,\ u_z=0.0 \quad (D<\eta\leqslant NY) \end{cases} \tag{2-26}$$

式中，u_x、u_y 和 u_z 对应的是 3 个坐标方向的速度分量，r 为径向距离。

通过式 2-26 可以在临近圆柱表面的区域内产生非对称流场，而这种局部的非对称性会在雷诺数大于临界值（$Re_c\approx49$）时诱发圆柱尾迹区域内的非稳态流动[133]。

三、计算结果分析

根据雷诺数（$Re=U_\infty D/\nu$）的不同，后续的计算结果被分成两部分进行分析：Case A-低雷诺数和 Case B-高雷诺数，相关的计算参数如表 2-1 所示。需要注意的是，表中的远场速度和圆柱直径采用的是格子单位（lu），其与实际物理单位的转换关系详见附录 A。另外，为了对流体流动特征和计算结果进行定量描述和评估，需要计算以下无量纲参数。

曳力系数（C_D）：

$$C_D=\frac{2\boldsymbol{F}\cdot\boldsymbol{x}}{\rho U_\infty^2 A_c} \tag{2-27}$$

升力系数（C_L）：

$$C_L=\frac{2\boldsymbol{F}\cdot\boldsymbol{y}}{\rho U_\infty^2 A_c} \tag{2-28}$$

斯特劳哈尔数（St）：

$$St = f\frac{D}{U_\infty} \tag{2-29}$$

式中，A_c 是单位长度圆柱的迎流面积，f 是涡旋脱落频率。$\boldsymbol{F}$ 是流体作用在圆柱表面的合力，可通过对圆柱表面的应力张量 $\boldsymbol{\sigma}$ 进行积分来确定[133,134]，即

$$\boldsymbol{F} = \int \boldsymbol{\sigma} \cdot \boldsymbol{n}\, \mathrm{d}s \tag{2-30}$$

其中

$$\begin{cases} \sigma_{\alpha\beta} = -p\delta_{\alpha\beta} + \tau_{\alpha\beta} = -p\delta_{\alpha\beta} + 2\rho\nu\varepsilon_{\alpha\beta} \\ \varepsilon_{\alpha\beta} = -\dfrac{1}{2\rho c_s^2 \tau \delta t}\sum_i e_{i\alpha} e_{i\beta}[f_i(\xi,t) - f_i^{eq}(\xi,t)] \end{cases} \tag{2-31}$$

表 2-1　不同算例中的参数设置

算例	Re	U_∞	D
Case A-低雷诺数	100、150	0.1	20
Case B-高雷诺数	1.4×10^5		

（一）Case A-低雷诺数

在当前算例所考虑的雷诺数范围内（Re 为 100 和 150），圆柱后方将会出现周期性的涡旋脱落现象。但是，此时圆柱尾迹内的流体流动状态仍属于层流。此外，由于所形成的涡旋只具有二维特征，沿圆柱轴向并没有发生任何变化，所以对于该过程的数值分析只需要采用相应的二维模型（D2Q9），并且网格、边界条件以及初始条件的处理也可以忽略圆柱轴向的相关设定。表 2-2 即为相关动力学参数的计算结果，其中 $\overline{C}_D$ 是平均曳力系数，ΔC_D 和 ΔC_L 分别是曳力系数和升力系数的变化幅度。从表中数据可见，SRT 模型和 MRT 模型在低雷诺数条件下的计算结果相差无几，而且都能与文献[133,135,136]中的数据相吻合。

表 2-2　Re 为 100 和 150 时 SRT 模型和 MRT 模型计算出的动力学参数的对比

Re	比较	$\overline{C}_D$	ΔC_D	ΔC_L	St
100	He 等人[133]	1.287	0.018	0.640	0.161
	Jordan 等人[135]	1.280	0.012	0.540	—
	本书 SRT 模型	1.307	0.017	0.648	0.162
	本书 MRT 模型	1.295	0.016	0.643	0.159
150	He 等人[133]	1.261	0.048	0.980	0.176
	Dong 等人[136]	1.297	—	1.041	0.183
	本书 SRT 模型	1.284	0.049	0.999	0.181
	本书 MRT 模型	1.278	0.043	0.991	0.179

图 2-6 是曳力系数和升力系数在不同雷诺数条件下随时间的变化曲线，图中横坐标 t^* 的定义如下

$$t^* = t/T_{C_D} \tag{2-32}$$

其中，T_{C_D} 为曳力系数的变化周期。

从图 2-6 中可以清楚地看到，无论是 SRT 模型还是 MRT 模型，其计算所得的曳力系数和升力系数的周期性变化幅度和频率都随着雷诺数的增加而增加，并且曳力系数变化频率约为升力系数变化频率的两倍。上述结果与文献[133,136]中的结论也是一致的。

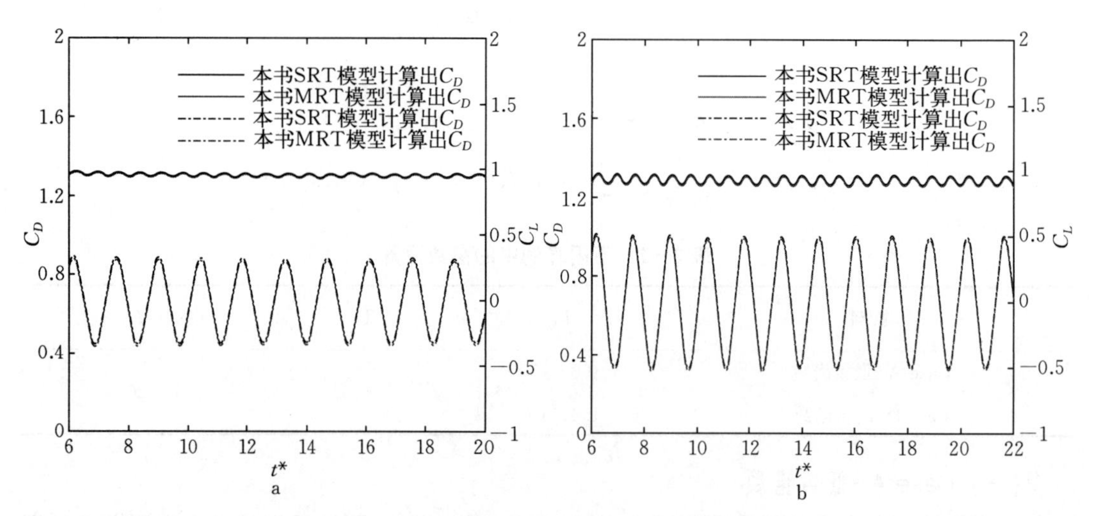

图 2-6　曳力系数和升力系数随时间的变化曲线

a. $Re=100$　b. $Re=150$

（二）Case B-高雷诺数

当雷诺数增加到 $Re=1.4\times10^5$ 时，圆柱绕流进入到亚临界区（Subcritical flow regime）[137]，此时虽然圆柱表面的边界层仍为层流，但是圆柱尾迹内的流态则完全转变成湍流，其中的涡旋也将具有三维特征，所以对于该过程的数值分析必须采用相应的三维模型（D3Q19）。另外，为了考虑小尺度涡旋的影响，需要进一步在当前模型中引入亚网格尺度（Sub-grid scale，SGS）模型[138,139]。为此，根据大涡模拟（Large eddy simulation，LES）的思想，首先将宏观物理量 φ 分解成大尺度量 $\bar{\varphi}$ 和小尺度量 φ'（$\varphi=\bar{\varphi}+\varphi'$），其中 $\bar{\varphi}$ 由 φ 进行滤波得到

$$\bar{\varphi}(\boldsymbol{\xi})=\int\varphi(\boldsymbol{\xi})G(\boldsymbol{\xi},\boldsymbol{\xi}')\mathrm{d}\boldsymbol{\xi}' \tag{2-33}$$

式中，G 是滤波函数，这里选用的是标准的盒式滤波函数

$$G(\boldsymbol{\xi},\boldsymbol{\xi}')=\begin{cases}1/\Delta, & |\boldsymbol{\xi}-\boldsymbol{\xi}'|\leqslant\Delta/2\\ 0, & |\boldsymbol{\xi}-\boldsymbol{\xi}'|>\Delta/2\end{cases} \tag{2-34}$$

式中，Δ 是过滤尺度（与计算区域中的网格长度一致）。与宏观物理量一样，分布函数也同样需要执行上述滤波过程。Hou 等人[139]的研究指出，当假设 $\overline{f_i^{eq}(\rho,\boldsymbol{u})}=f_i^{eq}(\bar{\rho},\bar{\boldsymbol{u}})$ 时，分布函数在滤波前后所对应的演化方程具有相同的形式，其中的非线性影响可通过修改松弛时间来反映，即由有效黏度 $\nu_e=\nu+\nu_t$ 确定有效松弛时间 τ_e

$$\nu_e=c_s^2(\tau_e-0.5)\delta t \tag{2-35}$$

式中，ν 和 ν_t 分别代表物理黏度和涡黏度。在已知雷诺数的情况下，物理黏度可表示为 $\nu=U_{\infty}D/Re$。对于涡黏度，则需要由具体的 SGS 模型来确定，这里选用 Smagorinsky 模型[138]：

$$\nu_t=(C_s\Delta)^2|\bar{S}| \tag{2-36}$$

式中，C_s 是 Smagorinsky 常数（通常取 0.1），$\bar{S}$ 是可解尺度下的应变率张量[140]且 $|\bar{S}|=\sqrt{2\bar{S}_{\alpha\beta}\bar{S}_{\alpha\beta}}$ 的计算式如下

$$|\bar{S}|=\frac{\sqrt{\tau^2+\dfrac{18\sqrt{2Q}\ (C_s\Delta)^2}{\rho}}-\tau}{6\ (C_s\Delta)^2} \tag{2-37}$$

其中，$Q=\Pi_{\alpha\beta}\Pi_{\alpha\beta}$，$\Pi_{\alpha\beta}=\sum\limits_i e_{i\alpha}e_{i\beta}(f_i-f_i^{eq})$。

通过上述方法获得有效松弛时间以后，对于 SRT 模型只需要用其替换原来基于物理黏度的松弛时间即可，而对于 MRT 模型，相关的松弛因子处理如下。

D2Q9 模型：

$$s_7=s_8=1/\tau_e$$

D3Q19 模型：

$$s_9=s_{11}=s_{13}=s_{14}=s_{15}=1/\tau_e$$

在当前的高雷诺数条件下，两类模型在经过修正以后计算出的 $\bar{C}_D$ 和 St 数如表 2-3 所示。需要指出的是，表中的两套网格在生成时设定网格疏密度调节因子 $a_s=0.5\pi$，如此不仅可以保证靠近圆柱壁面附近的网格尺寸满足求解 Kolmogorov 尺度的要求，而且还能避免在计算时使用任何形式的壁面函数[128,141]。至于用作参照的基准解，这里取的是文献[141-147]中相关数据的平均值（$\bar{C}_D\approx1.255$，$St\approx0.202$）。通过对比可以发现，MRT 模型在两套网格下都能获得稳定的数值解，但是在稠密网格下的计算结果与基准解更加吻合。反观 SRT 模型，其在稀疏网格下无法获得稳定的数值解，而在稠密网格下的计算结果又与基准解间存在较大的差异。因此，基于数值稳定性和精确性的综合考量，后续对速度场的相关对比，将只考虑 MRT 模型在稠密网格下的计算结果。

表 2-3　*Re* 为 1.4×10^5 时 SRT 模型和 MRT 模型计算出的动力学参数的对比

Re	比较	网格量	$\bar{C}_D$	*St*
	文献[141-147]		1.255	0.202
	本书 SRT 模型	160×160×64	divergent	divergent
	相对误差		—	—
	本书 MRT 模型	160×160×64	1.201	0.215
1.4×10^5	相对误差		4.3%	6.44%
	本书 SRT 模型	320×320×64	1.203	0.217
	相对误差		4.14%	7.43%
	本书 MRT 模型	320×320×64	1.227	0.211
	相对误差		2.23%	4.46%

图 2-7 和图 2-8 为圆柱尾迹区域内的时间平均速度场的对比，图中纵坐标$\overline{U}$和$\overline{V}$分别代表顺流方向（x 方向）和竖直方向（y 方向）的无量纲时均速度，定义如下

$$\overline{U}=\frac{\langle U\rangle}{U_\infty},\ \overline{V}=\frac{\langle V\rangle}{U_\infty} \tag{2-38}$$

其中，$\langle U\rangle$ 和 $\langle V\rangle$ 分别为顺流方向和竖直方向的时均速度。在图 2-7 中，当前的 MRT 模型在引入有效松弛时间进行修正以后，其计算出的顺流方向时均速度沿中心线 $y/D=0$ 的分布与 Cantwell 和 Coles [147]的实验数据整体吻合良好，只有在距离圆柱壁面较远的地方存在一定的偏差。此外，与 Breuer[141]的数值计算结果相比，当前 MRT 模型在近圆柱壁面区域内的计算精度更高。图 2-8 为圆柱后方 $x/D=1$ 处的时均速度分布曲线，其中 MRT 模型的计算结果同样与 Cantwell 和 Coles [147]的实验数据以及 Breuer[141]的数值计算结果的变化规律基本一致。

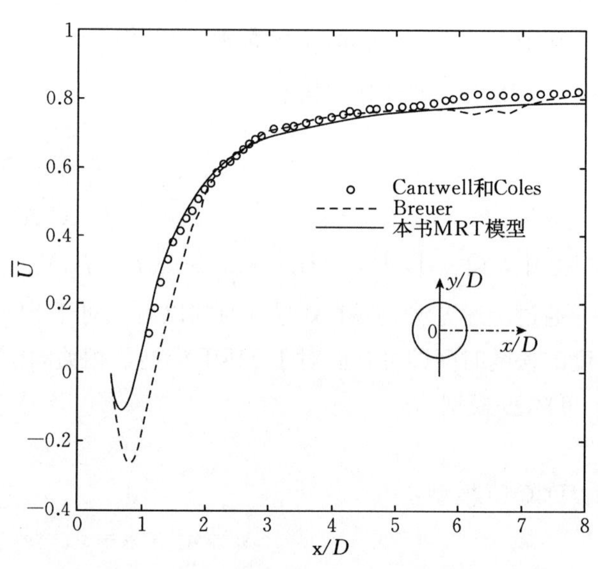

图 2-7　沿中心线 $y/D=0$ 的顺流时均速度对比

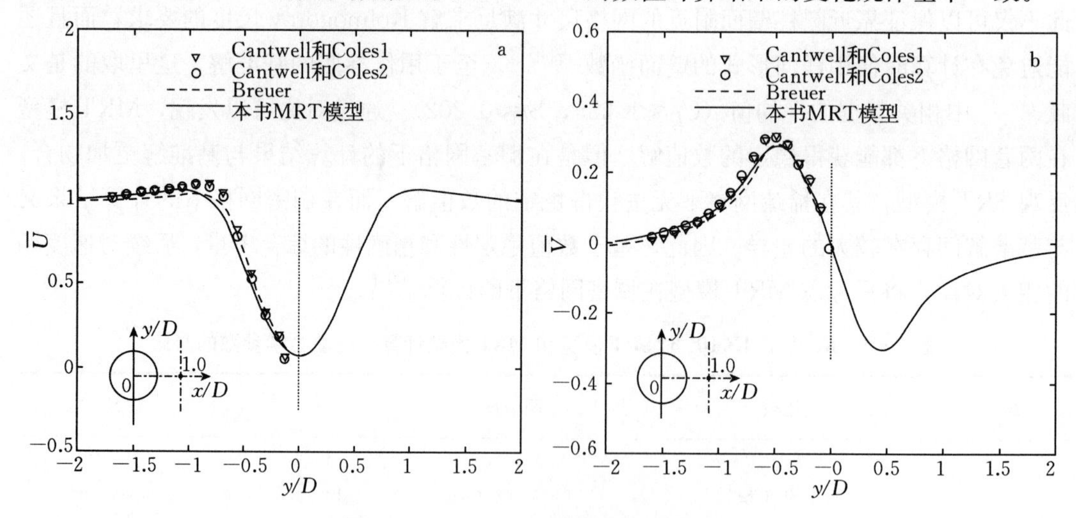

图 2-8　$x/D=1.0$ 处的时均速度对比

a. 顺流方向　b. 竖直方向

本 章 小 结

本章从 LBM 基本原理出发，首先对 LBM 中具有代表性的 SRT 模型和 MRT 模型作了简要的介绍。随后，在完善基于贴体网格的 LBM-SRT 单相流模型的基础上，进一步

发展了基于贴体网格的 LBM-MRT 单相流模型，并且通过模拟雷诺数在 $100\sim1.4\times10^5$ 范围内变化的圆柱绕流问题，对 SRT 模型和 MRT 模型在数值稳定性和精确性方面的表现进行了充分评估。研究结果表明：在低雷诺数条件下，SRT 模型和 MRT 模型的数值稳定性和精确性几乎无异；在高雷诺数条件下，MRT 模型的数值稳定性和精确性则要明显优于 SRT 模型。同时，上述结果也证明了 MRT 模型在贴体网格中具有良好的适用性。根据本章对 LBM 基本模型的评估，本书将继续发展基于正交均匀网格和贴体网格的 LBM-MRT 两相流模型，以期为后续研究高雷诺数和大密度比条件下的液膜一次破碎过程奠定方法基础。

第三章

基于相场理论的两相流模型及界面不稳定性研究

第一节　LBM两相流模型和界面不稳定性概述

目前可用于两相流数值模拟的LBM模型主要有4种类型，包括颜色模型[95]、伪势模型[96,97]、自由能模型[98,99]和相场模型[70,100,101]。经过多年发展，虽然上述LBM两相流模型处理大密度比两相流问题的能力已经得到大幅提升，但仍然存在不同程度的缺陷。例如，在测试模型的大密度比适用性时，雷诺数通常都维持在较低水平。若雷诺数增大，模型的数值稳定性和准确性必然面临严峻的挑战。因此，为了能够准确捕捉高雷诺数和大密度比条件下液膜一次破碎过程中出现的复杂流体界面变化，进一步提升LBM两相流模型的数值稳定性和准确性是本章研究的重要一环。

另外，在高速气流作用下液膜在预膜板唇边的一次破碎过程中，由于气液剪切速度差和密度差的存在会致使开尔文-亥姆霍兹（KH）不稳定性和瑞利-泰勒（RT）不稳定性的发生，而这两种不稳定性现象正是造成气液相界面失稳、变形乃至最终发生破碎的重要机制。Rayana等人[30]、Lasheras和Hopfinger[31]以及Desjardins等人[32]的研究进一步指出，KH不稳定性在放大相界面扰动和使液膜表面形成波动方面起着重要作用，而RT不稳定性则是导致液膜表面波波峰处形成突起和随后发展成液丝的主要原因。由此可见，充分理解这两种不稳定性现象在相界面拓扑形变中的作用特点和规律，对于分析高速气流作用下液膜在预膜板唇边的一次破碎机理具有重要意义。然而，现阶段关于这两种不稳定性现象的研究主要以验证数值模拟方法的准确性为主，能够和实际预膜式空气雾化喷嘴的雾化过程保持相近雷诺数、密度比以及黏度比条件的研究仍未见报道。

本章的主要分为两个方面：①以第二章对LBM基本模型的评估为基础，构建并验证可用于大密度比和高雷诺数条件下的LBM-MRT两相流模型（适用于正交均匀网格）；②利用构建的LBM-MRT两相流模型，详细考察雷诺数、密度比以及黏度比对KH不稳定性和RT不稳定性诱发的相界面卷曲变化与流体间渗透混合的影响规律，其中雷诺数、密度比以及黏度比的变化范围参考实际预膜式空气雾化喷嘴雾化过程中的流体参数特点来设定。需要指出的是，本章对KH不稳定性和RT不稳定性的相关研究，一方面，用于建立液膜一次破碎的理论分析基础；另一方面，由于这两种不稳定性是引起液膜一次破碎的重要机制，所以能否准确捕捉其发展过程中出现的相界面演变特征，也是对本章构建的LBM－MRT两相流模型适用性的进一步验证。

第二节　基于相场理论的LBM－MRT大密度比两相流模型

前人的研究表明，对于本书所涉及的大密度比两相流系统，LBM相场模型的应用优势更加显著[148,149]。目前，根据相界面捕捉函数的不同，现有的LBM相场模型可分为两类：一类是基于Cahn－Hilliard（CH）方程，例如Zu等人[150]和Yan等人[151]的模型；另一类是基于守恒Allen－Cahn（AC）方程，例如Liang等人[152]和Fakhari等人[153]的模型。与CH方程相比，守恒AC方程具有更低阶的对流扩散项，因而其在序参数的求解方面精度更高[109,152,154]。与此同时，由于在相场模型中流体密度通常表示成序参数的函数，所以高精度的序参数求解也意味着所获得的流体密度的偏差更小，这一点对于保证LBM大密度比两相流模型的数值稳定性具有重要意义。为此，本章首先将Liang等人[152]提出的单松弛时间相场模型与MRT碰撞算子相耦合以提升模型的数值稳定性，随后通过修正外力源项并引入附加界面力来增强模型的数值准确性，最终获得的即为本章改进的基于相场理论的LBM－MRT大密度比两相流模型（适用于正交均匀网格）。该模型包括两部分：①用于相界面捕捉的守恒AC方程的LBM－MRT模型；②用于速度场和压力场求解的不可压Navier－Stokes方程的LBM－MRT模型。

一、守恒Allen－Cahn方程的LBM－MRT模型

对于用来追踪相界面变化的守恒AC方程，其多松弛时间LBM演化方程可表示为

$$h_i(\boldsymbol{x}+\boldsymbol{e}_i\delta t,\ t+\delta t)=h_i(\boldsymbol{x},\ t)-\Lambda_{ij}^h\left[h_j-h_j^{eq}\right]\big|_{(x,t)}+\delta t(F_i-0.5\Lambda_{ij}^h F_j)\big|_{(x,t)} \tag{3-1}$$

式中，$h_i(\boldsymbol{x},\ t)$代表的是t时刻$\boldsymbol{x}$位置处沿i方向运动的序参数φ的分布函数。此处，序参数φ取0和1分别对应两种不同的流体，且在这两种流体的界面处有$\varphi=0.5$。$h_i^{eq}(x,\ t)$为平衡态分布函数[154]，F_i为外力源项[154,155]，Λ_{ij}^h为碰撞矩阵$\mathbf{\Lambda}^h$中的元素。

根据Lallemand和Luo[116]的研究，碰撞矩阵$\mathbf{\Lambda}^h$可写成

$$\mathbf{\Lambda}^h=\mathbf{M}^{-1}\mathbf{S}^h\mathbf{M} \tag{3-2}$$

式中，$\mathbf{S}^h$为松弛时间对角阵。

通过左乘正交变换矩阵$\mathbf{M}$，式3－1的右端可转换到矩空间，也就是将碰撞过程转换到矩空间

$$\mathbf{m}_h^*=\mathbf{m}_h-\mathbf{S}^h(\mathbf{m}_h-\mathbf{m}_h^{eq})+\delta t\left(\mathbf{I}-\frac{\mathbf{S}^h}{2}\right)\hat{\mathbf{F}} \tag{3-3}$$

式中，$\mathbf{m}_h=\mathbf{Mh}=\mathbf{M}(h_0,\ h_1,\ \cdots)^T$、$\mathbf{m}_h^{eq}=\mathbf{Mh}^{eq}=\mathbf{M}(h_0^{eq},\ h_1^{eq},\ \cdots)^T$和$\hat{\mathbf{F}}=\mathbf{MF}=\mathbf{M}(F_0,\ F_1,\ \cdots)^T$分别为分布函数$h_i$、平衡态分布函数$h_i^{eq}$和外力源项$F_i$在矩空间中的形式，$\mathbf{I}$为单位张量。

对于本节所考虑的D2Q9离散速度模型，$\mathbf{S}^h$、$\mathbf{m}_h^{eq}$和$\hat{\mathbf{F}}$可具体表示为

$$\mathbf{S}^h = \mathrm{diag}(s_0^h,\ s_1^h,\ s_2^h,\ s_3^h,\ s_4^h,\ s_5^h,\ s_6^h,\ s_7^h,\ s_8^h) \tag{3-4}$$

$$\mathbf{m}_h^{eq} = \varphi(1,\ -2,\ 1,\ u_x,\ -u_x,\ u_y,\ -u_y,\ 0,\ 0)^T \tag{3-5}$$

$$\hat{\mathbf{F}} = \begin{bmatrix} 0 \\ 0 \\ 0 \\ \partial_t(\varphi u_x) + c_s^2 \lambda n_x \\ -\partial_t(\varphi u_x) - c_s^2 \lambda n_x \\ \partial_t(\varphi u_y) + c_s^2 \lambda n_y \\ -\partial_t(\varphi u_y) - c_s^2 \lambda n_y \\ 0 \\ 0 \end{bmatrix} \tag{3-6}$$

式中，s_i^h 为松弛因子，u_x 和 u_y 为宏观速度 $\boldsymbol{u}$ 的分量，n_x 和 n_y 为相界面处单位法向量 $\boldsymbol{n} = \nabla\varphi / |\nabla\varphi|$ 的分量，λ 为序参数 φ 和相界面厚度 W 的函数，即

$$\lambda = \frac{4\varphi(1-\varphi)}{W} \tag{3-7}$$

需要指出的是，式 3-6 中引入的时间偏导项 $\partial_t(\varphi u_x)$ 和 $\partial_t(\varphi u_y)$ 是为了保证演化方程式 3-1 能准确地恢复到守恒 AC 方程。

当碰撞过程在矩空间中完成以后，碰撞后的序参数分布函数 $\mathbf{h}^* = (h_0^*,\ h_1^*,\ \cdots)^T$ 可通过式 3-8 来获得

$$\mathbf{h}^* = \mathbf{M}^{-1} \mathbf{m}_h^* \tag{3-8}$$

式中，$\mathbf{m}_h^* = \mathbf{M}\mathbf{h}^* = \mathbf{M}(h_0^*,\ h_1^*,\ \cdots)^T$。

最后，迁移过程可表示为

$$h_i(\boldsymbol{x} + \boldsymbol{e}_i \delta t,\ t + \delta t) = h_i^*(\boldsymbol{x},\ t) \tag{3-9}$$

序参数 φ 的计算式为

$$\varphi = \sum_i h_i \tag{3-10}$$

而流体密度是序参数的线性函数，即

$$\rho = \varphi(\rho_A - \rho_B) + \rho_B \tag{3-11}$$

式中，ρ_A 和 ρ_B 分别为 $\varphi_A = 1$ 和 $\varphi_B = 0$ 所对应的两种流体的密度。

通过 Chapman-Enskog（CE）展开，上述模型可以准确地恢复到守恒 AC 方程[154,156]

$$\frac{\partial \varphi}{\partial t} + \nabla \cdot (\varphi \boldsymbol{u}) = \nabla \cdot [M(\nabla\varphi - \lambda \boldsymbol{n})] \tag{3-12}$$

式中，迁移率 M 为

$$M = c_s^2 \left(\tau_h - \frac{1}{2}\right) \delta t \tag{3-13}$$

其中，τ_h 是与松弛因子 s_i^h 相关的参数，且对于 D2Q9 离散速度模型，有 $s_3^h = s_5^h = 1/\tau_h$。

二、不可压 Navier－Stokes 方程的 LBM－MRT 模型

为了获取流场中速度和压力的信息，本节需要进一步构建用于求解不可压 Navier－Stokes（NS）方程的多松弛时间 LBM 模型，其对应的演化方程如下

$$g_i(\boldsymbol{x}+\boldsymbol{e}_i\delta t,\ t+\delta t)=g_i(\boldsymbol{x},\ t)-\Lambda_{ij}^g[g_j-g_j^{eq}]|_{(x,t)}+\delta t(R_i-0.5\Lambda_{ij}^g R_j)|_{(x,t)} \tag{3-14}$$

式中，g_i 和 g_i^{eq} 分别为粒子分布函数及其对应的平衡态粒子分布函数，R_i 为外力源项[152]，Λ_{ij}^g 为碰撞矩阵 $\mathbf{\Lambda}^g$ 中的元素。

类似于式 3－2，碰撞矩阵 $\mathbf{\Lambda}^g$ 也可以写成

$$\mathbf{\Lambda}^g=\mathbf{M}^{-1}\mathbf{S}^g\mathbf{M} \tag{3-15}$$

式中，$\mathbf{S}^g$ 为松弛时间对角阵。

在式 3－14 的右端左乘正交变换矩阵 $\mathbf{M}$，同样可以获得碰撞过程在矩空间中的演化方程，即

$$\mathbf{m}_g^*=\mathbf{m}_g-\mathbf{S}^g(\mathbf{m}_g-\mathbf{m}_g^{eq})+\delta t\left(\mathbf{I}-\frac{\mathbf{S}^g}{2}\right)\hat{\mathbf{R}} \tag{3-16}$$

式中，$\mathbf{m}_g=\mathbf{Mg}=\mathbf{M}(g_0,\ g_1,\ \cdots)^T$，$\mathbf{m}_g^{eq}=\mathbf{Mg}^{eq}=\mathbf{M}(g_0^{eq},\ g_1^{eq},\ \cdots)^T$ 和 $\hat{\mathbf{R}}=\mathbf{MR}=\mathbf{M}(R_0,\ R_1\cdots)^T$ 分别为粒子分布函数 g_i、平衡态粒子分布函数 g_i^{eq} 和外力源项 R_i 在矩空间中的形式。

对于本节所考虑的 D2Q9 离散速度模型，$\mathbf{S}^g$、$\mathbf{m}_g^{eq}$ 和 $\hat{\mathbf{R}}$ 可进一步表示为

$$\mathbf{S}^g=\mathrm{diag}(s_0^g,\ s_1^g,\ s_2^g,\ s_3^g,\ s_4^g,\ s_5^g,\ s_6^g,\ s_7^g,\ s_8^g) \tag{3-17}$$

$$\mathbf{m}_g^{eq}=\begin{bmatrix}0\\6p+3\rho|\boldsymbol{u}|^2\\-9p-3\rho|\boldsymbol{u}|^2\\\rho u_x\\-\rho u_x\\\rho u_y\\-\rho u_y\\\rho(u_x^2-u_y^2)\\\rho u_x u_y\end{bmatrix},\ \hat{\mathbf{R}}=\begin{bmatrix}u_x\partial_x\rho+u_y\partial_y\rho\\0\\-u_x\partial_x\rho-u_y\partial_y\rho\\G_x\\-G_x\\G_y\\-G_y\\2(u_x\partial_x\rho-u_y\partial_y\rho)/3\\(u_x\partial_y\rho+u_y\partial_x\rho)/3\end{bmatrix} \tag{3-18}$$

式中，s_i^g 为松弛因子，p 为流体动力学压力，G_x 和 G_y 为合力 $\boldsymbol{G}$ 的两个分量。

$\boldsymbol{G}$ 的定义为

$$\boldsymbol{G}=\boldsymbol{F}_s+\boldsymbol{F}_b+\boldsymbol{F}_a \tag{3-19}$$

式中，$\boldsymbol{F}_s$ 为相界面处的表面张力，$\boldsymbol{F}_b$ 为系统中可能存在的体积力，$\boldsymbol{F}_a$ 为附加界面力。

Kim[157]在其研究中给出了多种形式的表面张力计算式，本模型选择的是在相场法中应用最为广泛的一种形式[47,100,150,158]

$$\boldsymbol{F}_s=\mu_\varphi\nabla\varphi \tag{3-20}$$

其中，化学势 μ_φ 的表达式为

$$\mu_\varphi=\frac{48\sigma}{W}\varphi(\varphi-1)(\varphi-0.5)-\frac{3}{2}\sigma W\nabla^2\varphi \tag{3-21}$$

式中，σ 为表面张力系数。

另外，由于 LBM 相场模型恢复的动量方程中存在附加界面力，而且 Li 等人[159]的数值研究表明，随着速度或雷诺数的增大，该附加界面力引入的数值误差越来越大，所以本模型在总的外力中添加 $\boldsymbol{F}_a$ 来消除此影响

$$\boldsymbol{F}_a=q_a\boldsymbol{u} \tag{3-22}$$

式 3-22 中参数 q_a 的计算如下

$$q_a=\frac{\partial\rho}{\partial t}+\nabla\cdot(\rho\boldsymbol{u})=\frac{\partial\rho}{\partial\varphi}\left[\frac{\partial\varphi}{\partial t}+\nabla\cdot(\varphi\boldsymbol{u})\right]=M(\rho_A-\rho_B)\left[\nabla^2\varphi-\nabla\cdot(\lambda\boldsymbol{n})\right] \tag{3-23}$$

最后，由 $\boldsymbol{g}^*=(g_0^*,\ g_1^*,\ \cdots)^T=\mathbf{M}^{-1}\mathbf{m}_g^*$，可获得迁移过程的演化方程为

$$g_i(\boldsymbol{x}+\boldsymbol{e}_i\delta t,\ t+\delta t)=g_i^*(\boldsymbol{x},\ t) \tag{3-24}$$

流体系统中宏观速度和压力的计算如下

$$\boldsymbol{u}=\frac{1}{\rho-0.5\delta t q_a}\left[\sum_i c_i g_i+\frac{\delta t}{2}(\boldsymbol{F}_s+\boldsymbol{F}_b)\right] \tag{3-25}$$

$$p=\frac{c_s^2}{1-\omega_0}\left[\sum_{i\neq 0}g_i+\frac{\delta t}{2}\boldsymbol{u}\cdot\nabla\rho-\omega_0\rho\frac{|\mathbf{u}|^2}{2c_s^2}\right] \tag{3-26}$$

通过 CE 展开，上述模型也可准确地恢复到不可压 NS 方程

$$\nabla\cdot\boldsymbol{u}=0 \tag{3-27}$$

$$\rho\left(\frac{\partial\boldsymbol{u}}{\partial t}+\boldsymbol{u}\nabla\cdot\boldsymbol{u}\right)=-\nabla p+\nabla\cdot\left[\nu\rho(\nabla\boldsymbol{u}+(\nabla\boldsymbol{u})^T)\right]+\boldsymbol{F}_s+\boldsymbol{F}_b \tag{3-28}$$

式中，运动黏度 ν 为

$$\nu=c_s^2(\tau_g-0.5)\delta t \tag{3-29}$$

式中，τ_g 是与松弛因子 s_i^g 相关的参数，且对于 D2Q9 离散速度模型，有 $s_7^g=s_8^g=1/\tau_g$。

需要注意的是，实际两相流体系统中通常存在黏度差，为了使得运动黏度能够在两相界面处平滑地过渡，常规的做法是将其表示成序参数的线性函数或逆线性函数[151,160,161]，本模型选用的是如下的线性形式

$$\nu=\varphi(\nu_A-\nu_B)+\nu_A \tag{3-30}$$

式中，ν_A 和 ν_B 分别为 $\varphi_A=1$ 和 $\varphi_B=0$ 所对应的两种流体的运动黏度。

至于上述模型中涉及的时间偏导项、梯度项和拉普拉斯算子，可通过如下方式来计算

$$\partial_t(\varphi\boldsymbol{u})=\frac{\varphi(t)\boldsymbol{u}(t)-\varphi(t-\delta t)\boldsymbol{u}(t-\delta t)}{\delta t} \tag{3-31}$$

$$\nabla\varphi(\boldsymbol{x})=\sum_{i\neq 0}\frac{\omega_i\boldsymbol{e}_i\varphi(\boldsymbol{x}+\boldsymbol{e}_i\delta t,\ t)}{c_s^2\delta t} \tag{3-32}$$

$$\nabla^2\varphi(\boldsymbol{x})=\sum_{i\neq 0}\frac{2\omega_i\left[\varphi(\boldsymbol{x}+\boldsymbol{e}_i\delta t,\ t)-\varphi(\boldsymbol{x},\ t)\right]}{c_s^2(\delta t)^2} \tag{3-33}$$

三、模型验证及参数敏感性分析

在研究KH不稳定性和RT不稳定性之前，本节首先通过拉普拉斯定律（Laplace law）来对上述两相流模型的数值计算能力和参数敏感性进行评估。如图3-1所示，半径为$R=25$的圆形液滴在初始时刻被静置于尺寸为$L\times L=200\times200$的方形计算域的中心，且液滴周围的气体也保持静止状态。在模拟过程中，忽略重力影响并设置计算域的四周为周期边界，其他相关模拟参数定为：密度比$\rho_l/\rho_g=1\ 000$，运动黏度$\nu_l=\nu_g=0.002$，相界面厚度$W=4$，迁移率$M=0.01$，其中下标l和g分别代表液相和气相。需要指出的是，以上参数的单位均为格子单位（lu）。另外，为了使得序参数及其相关量在相界面处连续且平滑地过渡，计算域中的序参数分布按照式3-34来进行初始化

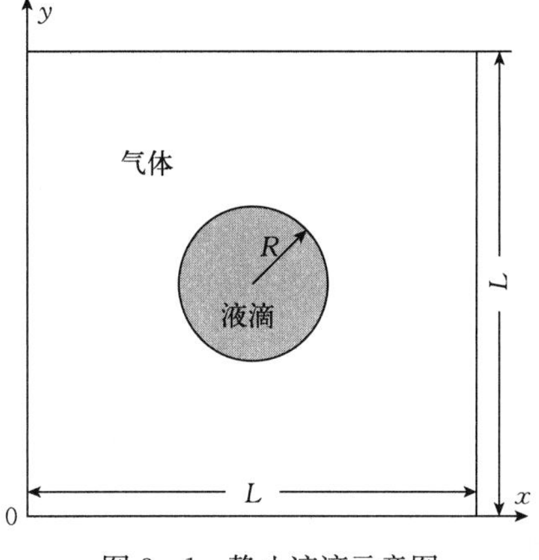

图3-1　静止液滴示意图

$$\varphi(x,y)=0.5+0.5\tanh\frac{2\left[R-\sqrt{(x-L/2)^2+(y-L/2)^2}\right]}{W}\qquad(3-34)$$

由拉普拉斯定律可知，液滴在不受外力的情况下，其内外压差Δp在稳定状态时满足以下关系式

$$\Delta p=\sigma/R\qquad(3-35)$$

据此，本节在模拟过程中设定不同的表面张力系数（$0.002\leqslant\sigma\leqslant0.01$），然后将获得的压差数值解与式3-35计算出的解析解进行对比来验证数值计算结果的准确性。如图3-2所示，可以发现压差的数值解和解析解吻合良好。与此同时，本节还利用拉普拉斯定律对模型中松弛因子s_i^h和s_i^g的取值特点进行了分析，研究结果表明，松弛因子按照如下方式取值皆能获得准确的数值计算结果

$$\begin{cases}s_0^h=s_7^h=s_8^h=1.0,\quad 0.7\leqslant s_1^h(=s_2^h)\leqslant1.2,\quad 0.6\leqslant s_4^h(=s_6^h)\leqslant1.3,\quad s_3^h=s_5^h=1/\tau_h\\ s_0^g=s_3^g=s_5^g=1.0,\quad 0.8\leqslant s_1^g(=s_2^g)\leqslant1.3,\quad 0.7\leqslant s_4^g(=s_6^g)\leqslant1.8,\quad s_7^g=s_8^g=1/\tau_g\end{cases}$$

为了计算的方便并且参考Fakhari等人[46]和Liang等人[100]的研究，后续研究中松弛因子s_i^h和s_i^g的取值如下

$$\begin{cases}s_0^h=s_7^h=s_8^h=1.0,\quad s_1^h=s_2^h=1.1,\quad s_4^h=s_6^h=1.1,\quad s_3^h=s_5^h=1/\tau_h\\ s_0^g=s_3^g=s_5^g=1.0,\quad s_1^g=s_2^g=1.0,\quad s_4^g=s_6^g=1.7,\quad s_7^g=s_8^g=1/\tau_g\end{cases}$$

另一方面，鉴于迁移率M在本章两相流模型中的重要作用，对其取值的敏感性分析同样重要。图3-3即为不同迁移率条件下流体系统最大动能的对比，其中横坐标和纵坐标分别为无量纲时间t^*和流体系统最大动能E_{max}，定义如下

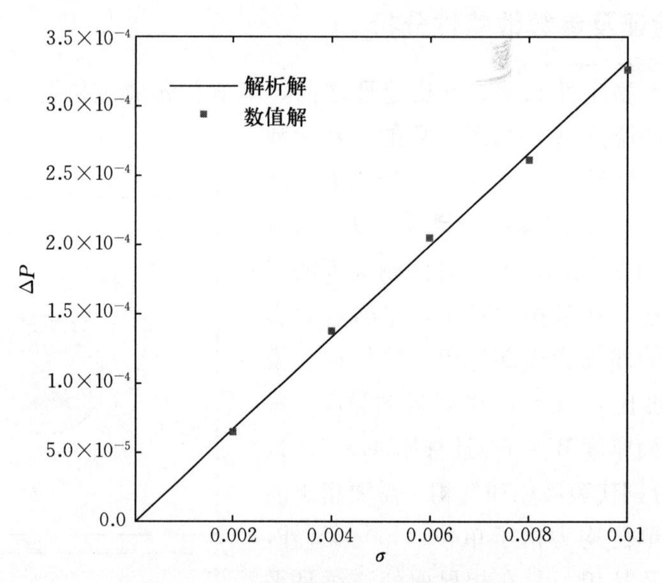

图 3-2　压差数值解和理论解的对比

$$t^{*}=\frac{t\sigma}{\rho_{g}\nu_{g}R},\ E_{\max}=\frac{1}{2}\rho|\boldsymbol{u}|_{\max}^{2} \tag{3-36}$$

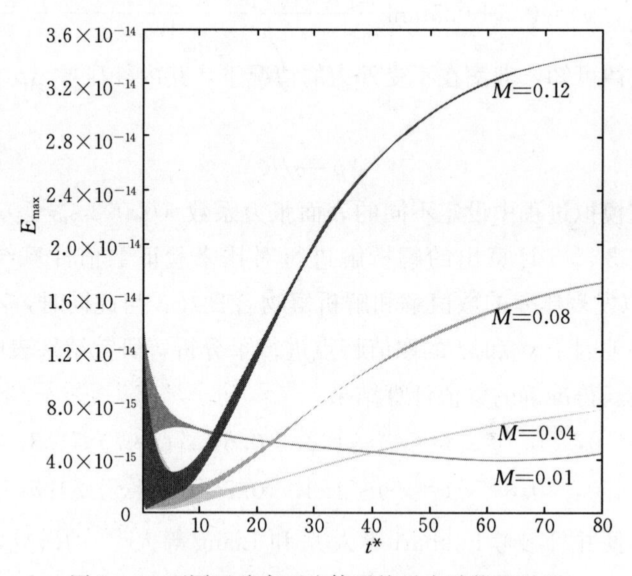

图 3-3　不同迁移率下流体系统最大动能的对比

从图中可以看到，随着迁移率 M 的减小，流体系统在稳定后的最大动能逐渐降低，这样的趋势表明，较小的迁移率可抑制流体系统中的虚假流动。然而，Chai 等人[162]的研究也指出，过小的迁移率会导致模型的数值不稳定。所以，为了兼顾模型的数值稳定性，本书在后续研究中将迁移率的取值定为 $M=0.01$，此时流体系统中虚假速度的数量级只有 10^{-9}，完全符合计算精度的要求。

第三节　开尔文-亥姆霍兹不稳定性研究

一、模拟条件设置

KH 不稳定性是在有剪切速度的连续流体内部或有速度差的两种不同流体的界面处发生的不稳定现象。如图 3-4 所示，两种互不相溶、密度分别为 ρ_A 和 ρ_B 的流体在尺寸为 $d\times 2d$ 的矩形通道内发生剪切流动，且上下两层流体的速度大小相同（U_0）、方向相反。由于上下两层流体间存在剪切速度差（$\Delta U=2U_0$），所以流体界面处会产生 KH 不稳定性现象。为了便于计算结果的分析和对比，本节选用表 3-1 中所列的无量纲参数来表征和规范当前的研究问题，包括密度比（r_ρ）、黏度比（r_ν）、韦伯数（We）、雷诺数（Re）、无量纲时间（t^*）以及马赫数（Ma），其中马赫数满足 $Ma=U_0/c_s\leqslant 0.1$，用以确保流体系统的不可压缩性。

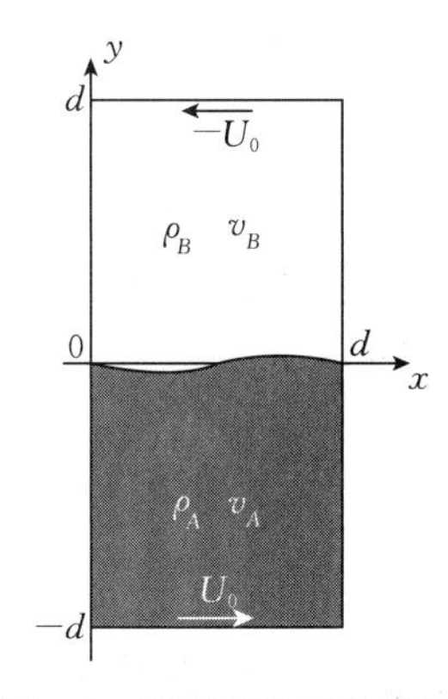

图 3-4　KH 不稳定性示意图

表 3-1　无量纲参数

无量纲参数	定义
密度比	$r_\rho=\rho_A/\rho_B$
黏度比	$r_\nu=\nu_B/\nu_A$
韦伯数	$We=4U_0^2 d/\sigma$
雷诺数	$Re=2U_0 d/\nu_A$
无量纲时间	$t^*=2U_0 t/d$
马赫数	$Ma=U_0/c_s$

计算域中速度场的初始化按照 Krasny[163] 和 Hou 等人[164] 给出的方法来进行。首先，需要求解下面以狄拉克 δ 函数（Dirac δ function）形式给出的涡量分布 $\omega_0(x, y)$

$$\omega_0(x, y)=\delta_h[h(x, y)] \tag{3-37}$$

$$h(x, y)=\frac{y}{d}+0.01\sin\left[\frac{2\pi(x+y)}{d}\right] \tag{3-38}$$

式中，$h(x, y)$为无量纲形式的流体界面初始位置。

至于狄拉克 δ 函数，这里采用的是 Yang 等人[165] 提出的平滑四点余弦函数（Smoothed 4-point cosine function）

$$\delta_h(h)=\begin{cases}\{\pi+2\sin[\pi(2h+1)/4]-2\sin[\pi(2h-1)/4]\}/4\pi, & |h|<1.5\\ \{5\pi-2\pi|h|-4\sin[\pi(2|h|-1)/4]\}/8\pi, & 1.5\leqslant|h|\leqslant 2.5\\ 0, & |h|>2.5\end{cases} \tag{3-39}$$

由式 3-37～式 3-39 计算出流场中的涡量分布以后，相应的流函数 $\psi(x, y)$则可通

过求解以下的泊松方程来获得

$$\Delta\psi(x, y) = -\omega_0(x, y) \tag{3-40}$$

需要注意的是，在采用差分方法求解上述泊松方程时，设定计算域水平方向为周期边界、竖直方向为狄利克雷齐次边界（Dirichlet homogeneous boundary）。随后，计算域中的初始速度分布 $\boldsymbol{u}_0(x, y)$ 获取如下

$$\boldsymbol{u}_0(x, y) = \nabla \times \psi(x, y) \tag{3-41}$$

另一方面，为了保证序参数以及与其相关的物性参数在流体界面处连续、平滑地过渡，计算域初始序参数的分布由下式给定

$$\varphi(x, y) = 0.5 - 0.5\tanh\frac{2\{y - [d - 0.01\, d\sin(2\pi x/d)]\}}{W} \tag{3-42}$$

此外，在模拟过程中，计算域的左右边界采用周期边界条件，而上下速度边界按照 Ladd[166] 和 Zhang 等人[167] 提出方法来处理。

二、计算结果分析

对于 KH 不稳定性的研究，本节最先考虑的是密度和黏度相同的两种流体，其目的是测试数值计算所需要的网格量。在确保最佳计算效率和计算精度的前提下，本节选用的是 Fakhari 等人[46] 在其研究中使用的网格量，即 $NX \times NY = 512 \times 1\,024$。当 $Re = 10^4$、$We = 400$ 时，在该网格条件下计算出的涡量和界面形状随时间的变化如图 3-5 所示。从图中可以发现，本书模型的计算结果和文献中 AMR 方法[43] 的计算结果吻合良好。与此同时，由于上下层流体间没有密度差存在，所以扰动界面的卷曲变化呈现出上下对称的状态，这一点也与 Fakhari 等人[46] 以及 Amirshaghaghi 等人[168] 报道的结果一致。

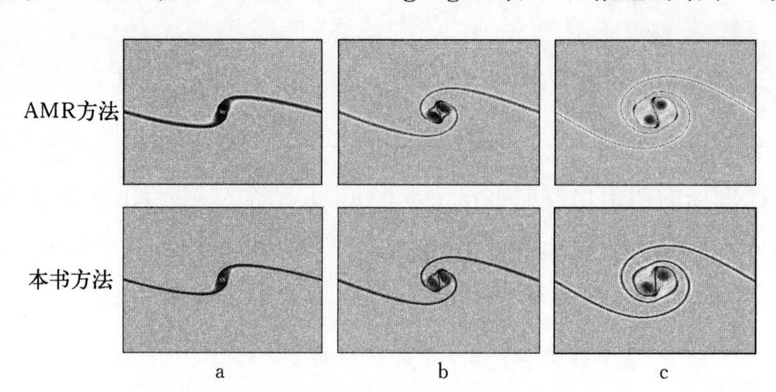

图 3-5　AMR 方法[43] 和本书方法获得的涡量云图与界面位置的对比

a. $t^* = 0.7$　b. $t^* = 1.0$　c. $t^* = 1.6$

本节进一步考虑的是流体剪切层存在密度比和黏度比的情况，并且重点考察黏度比对 KH 不稳定性演化特征的影响。为此，在模拟过程中设定黏度比的变化范围为 $r_\nu = \nu_B/\nu_A = 1 \sim 8$，而其他相关无量纲参数保持不变，即 $Re = 10^4$、$We = 400$ 和 $r_\rho = \rho_A/\rho_B = 2$。相应的流体界面演化过程如图 3-6 所示。从图中可以发现，随着黏度比增加，扰动界面的卷曲生长会被抑制。出现这种现象的主要原因是轻流体（上层流体 B）黏性作用增强削弱了流

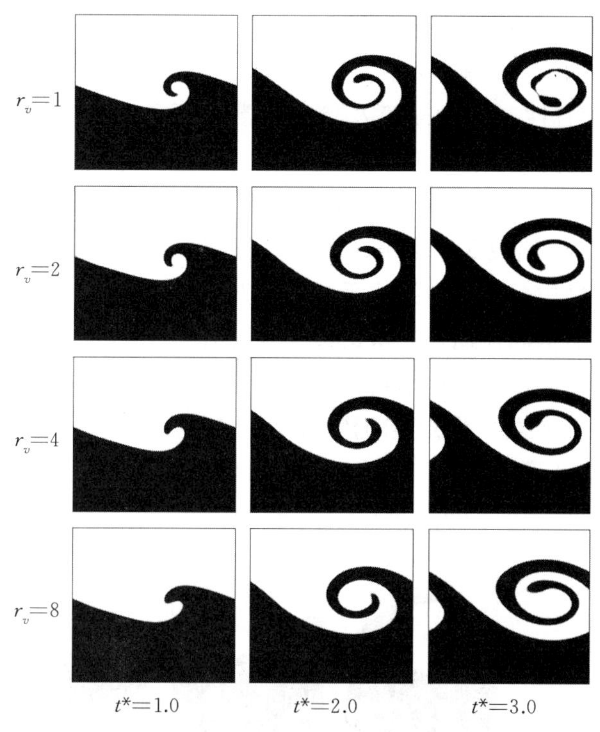

图 3-6　不同黏度比下的流体界面演化（$Re=10^4$，$We=400$）

体系统的剪切动能，具体可通过分析流体系统中最大动能的变化来加以验证。此处，流体系统 x 方向和 y 方向的动能 E_x 和 E_y 的定义为

$$E_x=\rho u_x^2/2,\ E_y=\rho u_y^2/2 \tag{3-43}$$

对应的动能最大值 $E_{x|\max}$ 和 $E_{y|\max}$ 随时间 t^* 的变化如图 3-7 所示，从中可以看到 x 方向和 y 方向的动能最大值 $E_{x|\max}$ 和 $E_{y|\max}$ 都随着黏度比的增加而降低，这与图 3-6 中

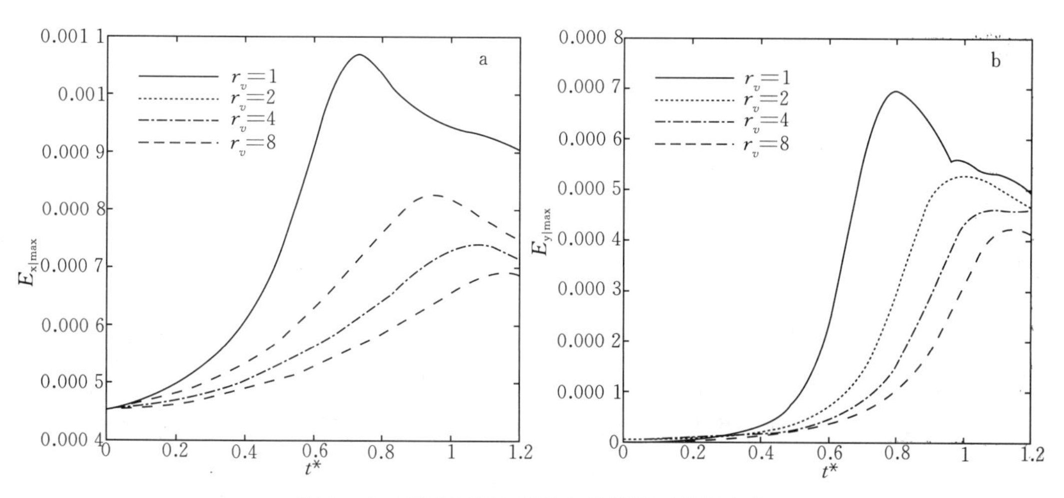

图 3-7　不同黏度比下最大动能随时间的变化

a. x 方向　b. y 方向

所体现的扰动界面的变化趋势相吻合。另一方面，由于密度差和黏度差存在，上下两层流体中惯性力和黏性力的综合影响将不再一致，所以图 3-6 中流体界面的卷曲结构失去了与图 3-5 中类似的对称性，Tauber 等人[169]在其数值研究中也证实了这一点。

接下来的研究主要关注的是密度比和雷诺数对 KH 不稳定性演化特征的影响。在此过程中，韦伯数保持不变（$We=400$）。图 3-8 为不同密度比和雷诺数条件下流体界面在 $t^*=4.0$ 时的形态。当雷诺数 $Re=2\ 000$ 时，随着密度比 $r_\rho=\rho_A/\rho_B$ 的增加，低密度比情况下出现的细长带状结构会逐渐坍缩成平缓的突起，这说明密度比增加对于 KH 不稳定性引起的流体混合具有抑制作用。当雷诺数上升到 $Re=10\ 000$ 时，随着密度比增加，重流体（下层流体 A）中的惯性力逐渐占据主导地位，流体界面处开始出现 KH 小尺度波动[47]，从而导致流体界面处发生剧烈的拓扑形变，这与 Koch 等人[25]以及 Amirshaghaghi 等人[170]在通过数值方法研究液膜一次破碎过程中观察到的现象是一致的。

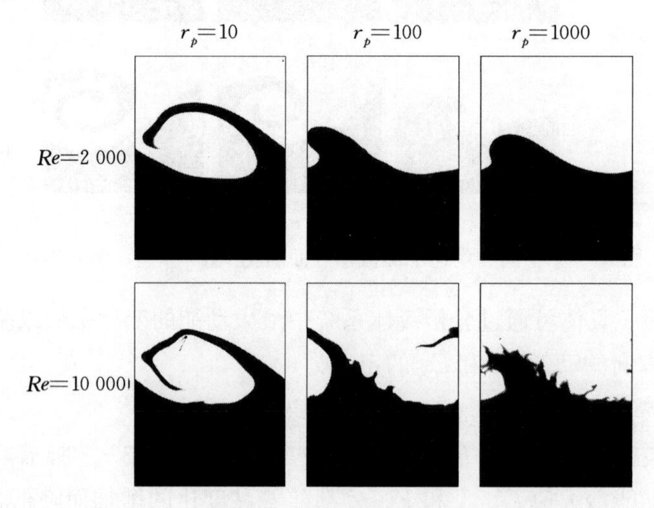

图 3-8　不同密度比和雷诺数下的流体界面形态

关于密度比和雷诺数对 KH 不稳定性演化特征的影响，可进一步通过统计流体混合层厚度 d_{mix} 的变化来加以反映。为此，首先需要沿 x 方向计算序参数的平均值 $\varphi_{avg}(y)$，即

$$\varphi_{avg}(y)=\int_0^\lambda \varphi(x,\ y)\mathrm{d}x/\lambda \tag{3-44}$$

当 $Re=2\ 000$、$r_\rho=10$ 时，序参数的平均值 $\varphi_{avg}(y)$ 在不同时刻的分布曲线如图 3-9 所示，其中纵坐标按照如下方式进行了标准化处理

$$y^*=(y+\lambda)/(2\lambda) \tag{3-45}$$

从图 3-9 中可以看到，$\varphi_{avg}(y)$ 的分布曲线在初始时刻（$t^*=0.0$）保持平滑的变化状态，但是随着 KH 不稳定性的发生，上下两层流体间开始互相渗透，$\varphi_{avg}(y)$ 的分布曲线则在流体混合区域出现不同程度的波动，该波动的最大范围即可认定为流体混合层厚度。按照上述步骤，继续对不同密度比和雷诺数条件下的流体混合层厚度进行统计，所得结果如表 3-2 所示。从中可以发现，流体混合层厚度随着雷诺数的增加而增加，随着密度比的增加而减小，此变化规律与从图 3-8 中观察到的现象是相吻合的。

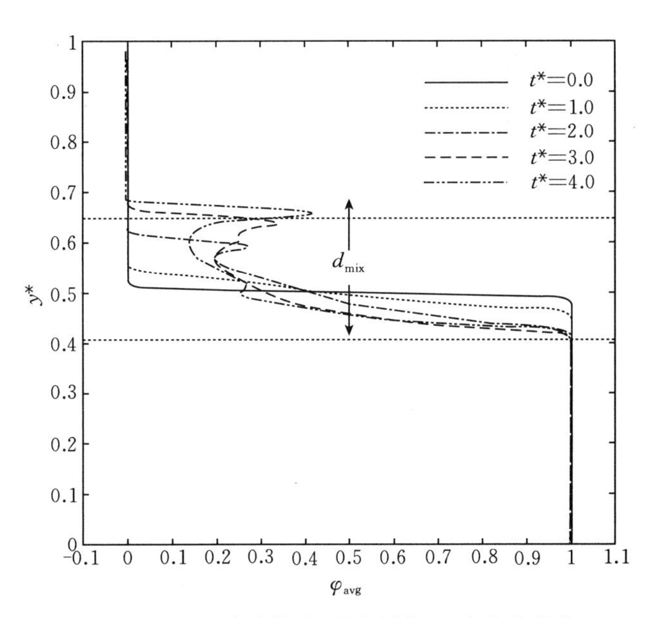

图 3-9　平均序参数在不同时刻沿 y 方向的分布

表 3-2　不同密度比和雷诺数下的混合层厚度

Re	d_{mix}			
	$r_\rho=10$	$r_\rho=50$	$r_\rho=100$	$r_\rho=1\,000$
2 000	0.280	0.250	0.203	0.162
5 000	0.427	0.392	0.307	0.266
10 000	0.478	0.467	0.341	0.269

第四节　瑞利-泰勒不稳定性研究

一、模拟条件设置

以第三节中对 KH 不稳定性的研究为基础，本节将进一步探究 RT 不稳定性在相界面拓扑形变中的作用特点和规律。对应的不可压流体系统如图 3-10 所示，其中流体所处矩形通道的尺寸为 $d\times4\,d$，且重流体 A 被置于轻流体 B 之上（$\rho_A>\rho_B$）。如 He 等人[160]所述，当流体界面处出现扰动时，重流体会在重力的作用下渗入轻流体中形成“尖钉(spike)”，而轻流体向上浮动形成“气泡（bubble)”，这种由于密度差引起的相界面拓扑形变即为 RT 不稳定性现象。为了表征 RT 不稳定性的演化特性，本节引入如下无量纲参数。

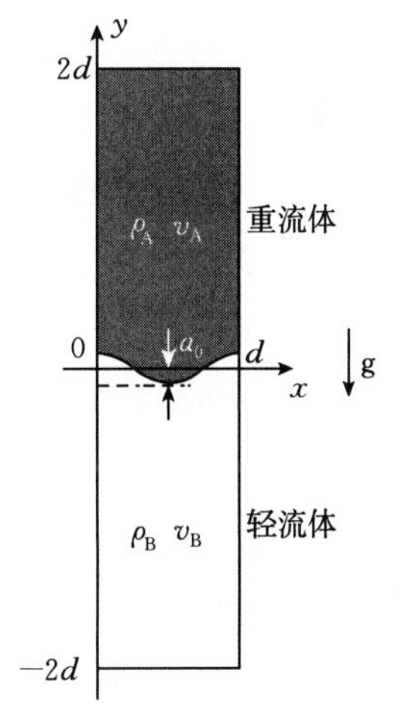

图 3-10　RT 不稳定性示意图

阿特伍德数（At）：

$$At=\frac{\rho_{\mathrm{A}}-\rho_{\mathrm{B}}}{\rho_{\mathrm{A}}+\rho_{\mathrm{B}}} \tag{3-46}$$

雷诺数（Re）：

$$Re=\frac{\sqrt{dg}d}{\nu_{\mathrm{A}}} \tag{3-47}$$

无量纲时间（t^*）：

$$t^*=\frac{t}{\sqrt{d/g}} \tag{3-48}$$

式中，g 为重力加速度。

计算域中初始序参数的分布按照如下方式给定

$$\begin{cases}\varphi(x,\ y)=0.5+0.5\tanh\dfrac{2\ (y-h)}{W}\\ h=0.1\,d\cos(2\pi x/d)\end{cases} \tag{3-49}$$

式中，h 为流体界面的初始位置，且界面初始扰动的幅度（a_0）和波长分别为 $0.1d$ 和 d。

此外，计算域的左右两侧设定为周期边界，而上下壁面设定为无滑移边界并采用半步长反弹格式[171,172]来处理。

二、计算结果分析

在 RT 不稳定性的数值研究中，大多数研究者使用的网格量为 $NX\times NY=256\times 1\,024$。考虑到本节的研究涉及高雷诺数和大密度比的情况，为了保证数值计算的稳定性，选用的网格量为 $NX\times NY=512\times 2\,048$，相应的验证可通过以下两个基准算例来进行。首先测算的是雷诺数和密度比较低的情况，相关的参数设定与 He 等人[160]的设定相同，即 $Re=2\,048$、$At=0.5$ 和 $\sqrt{gd}=0.04$。图 3-11 为 RT 不稳定性演化过程中不同时刻的流体界面形态。随着演化的进行，从图中可以观察到下沉尖钉的末端逐渐呈现出“蘑菇”状结构（$t^*=2.0$），并且随着轻重流体间剪切速度差的进一步增大，所诱发的 KH 不稳定性使得尖钉的两侧出现反向卷曲的涡旋（$t^*=3.0$）。由于这两个反向涡旋处于不稳定状态，其卷起处会继续生长出一对次级涡旋（$t^*=5.0$）。上述演化过程和文献[150,160]中报道的结果是一致的。此外，在当前网格条件下获得的尖钉和气泡前沿位置（h_s 和 h_b）随时间的变化也与 He 等人[160]的数值计算

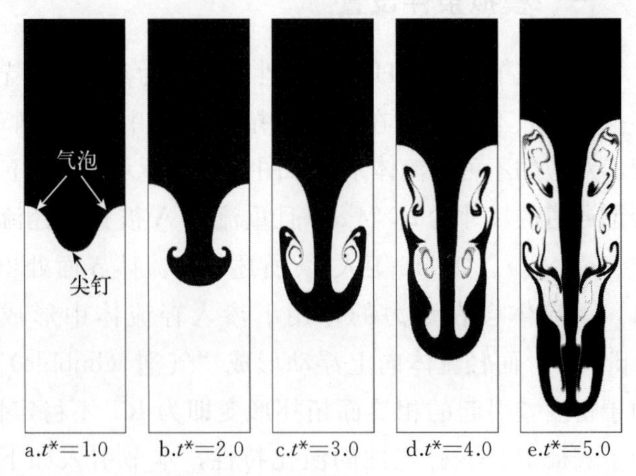

图 3-11　不同时刻的流体界面形态（$Re=2\,048$，$At=0.5$）

结果相吻合，详见图 3-12。需要指出的是，图 3-12 中的纵坐标 h_s 和 h_b 已经利用初始扰动的波长（d）进行了标准化处理。

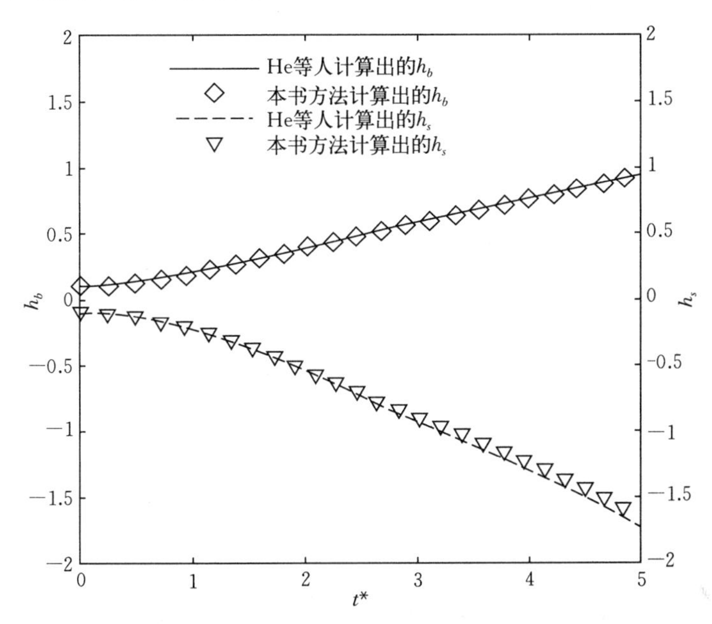

图 3-12　“气泡”和“尖钉”前沿位置的本书计算结果与 He 等人[160]计算结果的对比

接下来，本节考察的是大密度比和高雷诺数条件下的情况。具体是将当前网格条件下计算出的扰动生长率与线性理论[173]的预测值进行对比。如 Taylor[29] 和 Chandrasekhar[53] 所述，若界面扰动的初始幅度 a_0 远小于其波长 d，则在 RT 不稳定性发展的初期，界面扰动幅度的生长变化满足如下关系式

$$a=a_0 e^{\alpha t} \tag{3-50}$$

式中，α 为扰动生长率，a 为实时的扰动幅度。

另外，当流体系统无黏度差且表面张力可以忽略时，扰动生长率将是阿特伍德数 At 和波数 k（$k=2\pi/d$）的函数。为了方便计算结果的对比，这里定义了如下的无量纲扰动生长率 α^* 和波数 k^*

$$\alpha^*=\alpha/\sqrt[3]{g^2/\nu},\ k^*=k/\sqrt[3]{g/\nu^2} \tag{3-51}$$

图 3-13 即为无量纲扰动生长率的数值计算结果与线性理论预测值的对比，此时 $a_0=0.01d$，$At=0.998$，无量纲波数的变化范围在 0.01～2.0。从图中可以发现，相较于文献[170]中的数值计算结果，本书的结果与线性理论[173]的预测值更加吻合。值得注意的是，$At=0.998$ 代表的密度比为 $\rho_A/\rho_B=1\ 000$，而 $0.01\leqslant k^*\leqslant 2.0$ 表示的雷诺数变化范围在 5.6～15 749.6。因此，上述结果也证明了本书构建的两相流模型在当前网格条件下能够处理大密度比和高雷诺数问题，并且数值计算的准确性和稳定性满足要求。

在完成上述验证以后，本节继续分析黏度比的变化对 RT 不稳定性演化特征的影响，包括界面卷曲变化、气泡移动位置以及气泡移动速度。图 3-14 和图 3-15 分别为 $Re=256$ 和 $Re=2\ 048$ 时不同黏度比（$r_\nu=\nu_B/\nu_A=1$～8）条件下的界面演化形态（$t^*=5.0$，

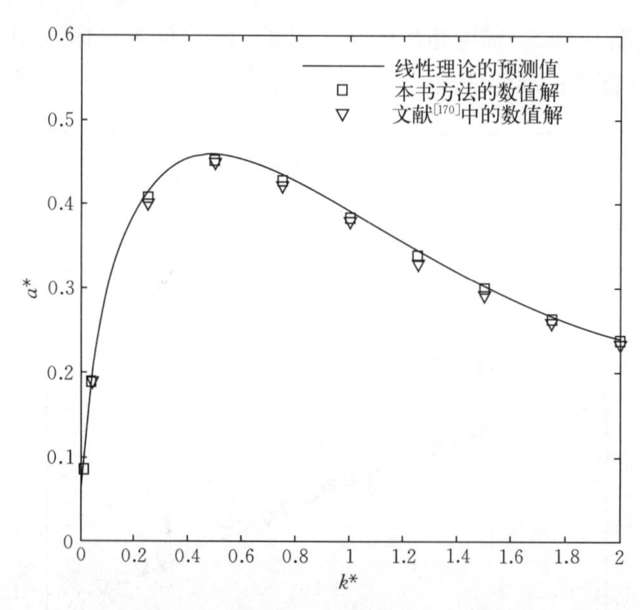

图 3-13　无量纲扰动生长率的数值计算结果和线性理论预测值的对比

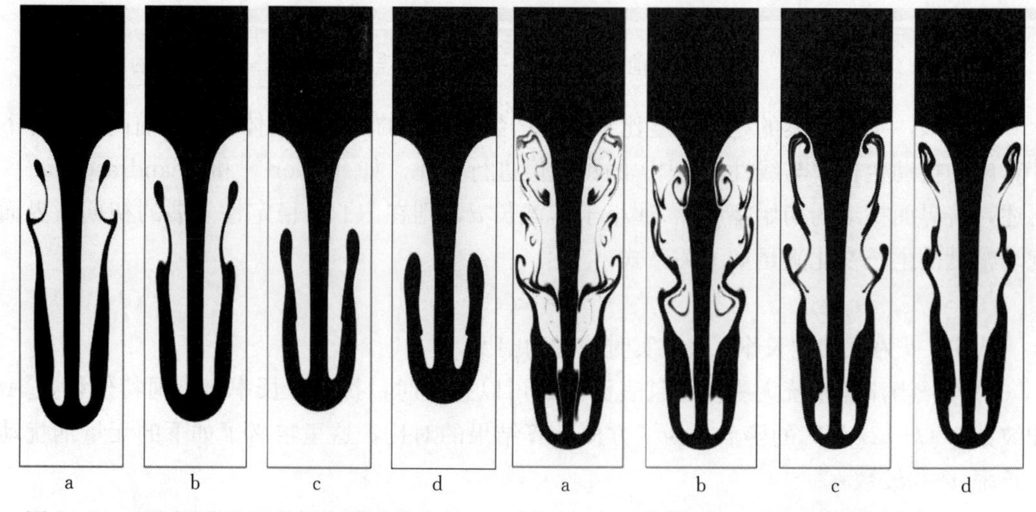

图 3-14　不同黏度比下的流体界面形态

($Re=256$，$At=0.5$，$t^*=0.5$)

a. $r_v=1$　b. $r_v=2$　c. $r_v=4$　d. $r_v=8$

图 3-15　不同黏度比下的流体界面形态

($Re=2\,048$，$At=0.5$，$t^*=5.0$)

a. $r_v=1$　b. $r_v=2$　c. $r_v=4$　d. $r_v=8$

$At=0.5$)。从中可以发现，随着黏度比的增加，尖钉两侧的界面卷曲变化会被抑制，而且在较高雷诺数（$Re=2\,048$）条件下出现的反向涡旋以及其衍生出的次级涡旋也逐渐呈消失的态势。究其原因，是由于黏度比的增大使得轻流体黏性作用增强，从而抑制了 KH 不稳定性引发的界面卷曲效应，这与第三节中从图 3-6 和图 3-7 中观察到的黏度比对 KH 不稳定性发展过程的影响是一致的。此外，黏度比的影响也可以通过统计气泡移动位置 h_b 和气泡移动速度 u_b 的变化来反映，具体参见图 3-16 和图 3-17，其中气泡移动速度 u_b 利用 $\sqrt{gdAt/(1+At)}$ 进行了标准化处理[63,100]。当雷诺数 $Re=256$ 时（图 3-16），可以发现气泡移动位置和速度都随着黏度比的增加而减小，但是当雷诺数增加到 $Re=$ 2 048时（图 3－17），黏度比的增加对气泡移动位置和速度的影响则没有低雷诺数时明显。这是因为雷诺数从 $Re=256$ 增加到 $Re=2\,048$ 以后，黏性作用的主导作用被削弱。

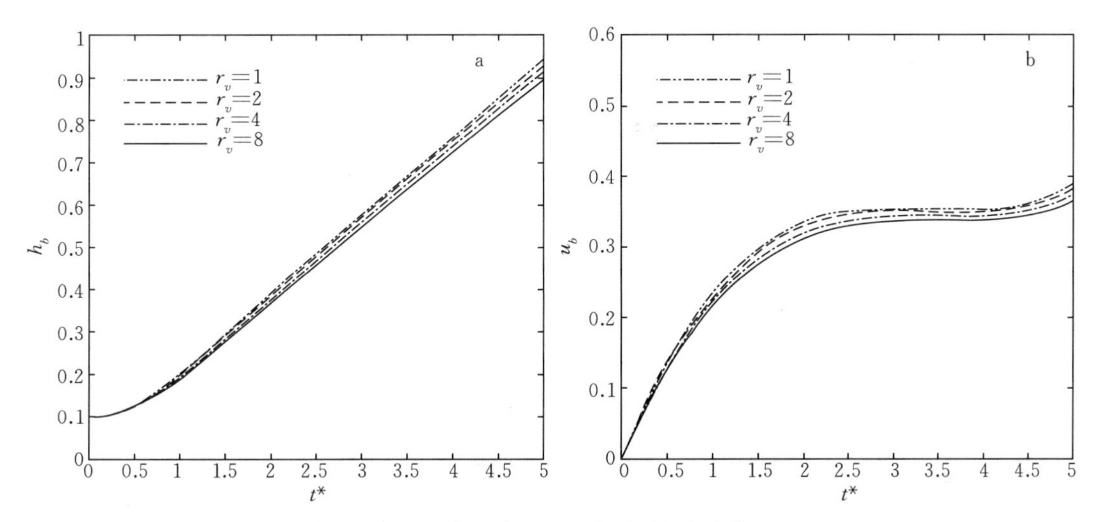

图 3－16　不同黏度比下标准化气泡位置和速度随时间的变化（$Re=256$，$At=0.5$）
a. 标准化气泡位置　b. 标准化气泡速度

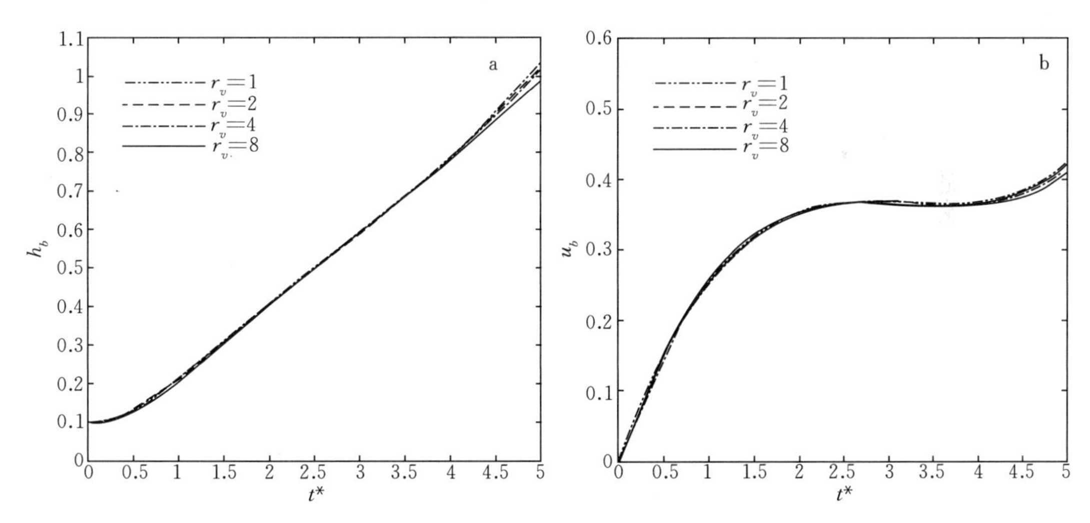

图 3－17　不同黏度比下标准化气泡位置和速度随时间的变化（$Re=2\,048$，$At=0.5$）
a. 标准化气泡位置　b. 标准化气泡速度

本节最后要探讨的是密度比和雷诺数对 RT 不稳定性演化特征的影响，并且重点关注大密度比和高雷诺数下的情况。为此，在后续的研究中首先选定雷诺数为 $Re=2\,048$ 和 $Re=10\,000$，然后分别在这两种雷诺数条件下考察密度比对流体界面演化形态、气泡移动位置以及气泡移动速度的影响，其中密度比的变化范围设定为 $r_\rho=3\sim1\,000$。当 $Re=$ 2 048时，从图 3－18 中可以观察到随着密度比的增加，流体界面逐渐由低密度比时（$r_\rho=3$ 和 $r_\rho=10$）的翻滚“蘑菇”状坍缩成两侧无卷曲涡旋的“圆顶”状（$r_\rho=100$），随后又进一步演化成“尖锥”状并且两侧伴随有“锯齿”状 KH 小尺度波动[47]出现（$r_\rho=1\ 000$）。图 3－19 为 $Re=10\ 000$ 时不同密度比条件下的界面演化形态，从中可以观察到与图 3－18 中类似的演化趋势。但是，在当前的高雷诺数情况下，随着密度比的增加，重流体中的惯性力逐渐占据主导地位，从而使得界面两侧产生更多小尺度“锯齿”状结构[170,174]。纵观上述结果，不难发现大密度比（或高 At）会抑制 RT 不稳定性发展过程中由 KH 不稳定性诱发的界面卷曲变化，而高雷诺数则对此具有增益效果。关于雷诺数和密度比对气泡移动位置和速度的影响，因为本节所考虑的两种雷诺数下的结果相近，所以这里只在 $Re=10\ 000$ 时对密度比的作用效果进行了分析，具体参见图 3－20。从中可以发现，气泡移动位置和速度的变化率都随着密度比的增加而得到显著提升。

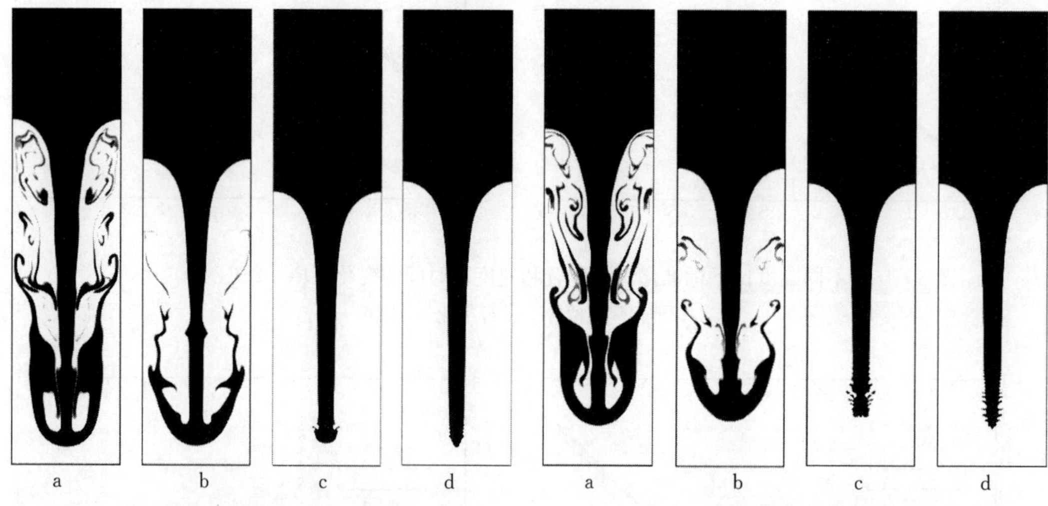

图 3－18　不同密度比下的流体界面形态（$Re=2\ 048$）

a. $r_p=3$　b. $r_p=10$　c. $r_p=100$　d. $r_p=1\ 000$

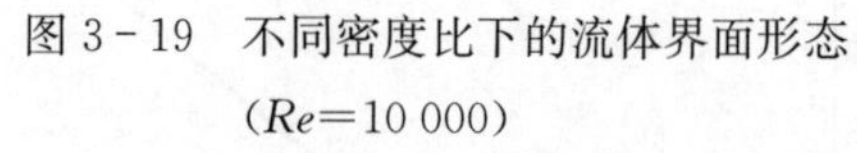

图 3－19　不同密度比下的流体界面形态（$Re=10\ 000$）

a. $r_p=3$　b. $r_p=10$　c. $r_p=100$　d. $r_p=1\ 000$

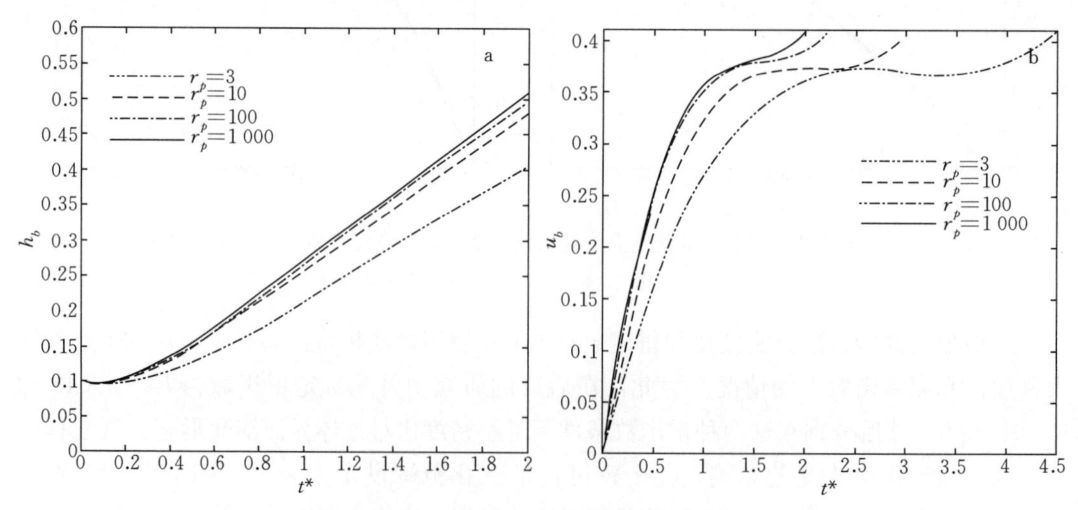

图 3－20　不同密度比下标准化气泡位置和速度随时间的变化（$Re=10\ 000$）

a. 标准化气泡位置　b. 标准化气泡速度

本 章 小 结

以构建适用于本书研究的 LBM 两相流模型以及探讨 KH 不稳定性和 RT 不稳定性在相界面拓扑形变中的作用特点为目的，本章的主要工作及获得的结论如下。

第一，以前人提出的单松弛时间相场模型为基础，通过耦合 MRT 碰撞算子并修正外力源项，本章发展了基于相场理论的 LBM－MRT 大密度比两相流模型（适用于正交均匀网格）。该模型包含两组演化方程，一组用于求解守恒 Allen－Cahn 方程以追踪相界面变化，另一组用于求解不可压 Navier－Stokes 方程以获取流场中速度和压力信息。研究结果表明，该模型具有如下优点：①可有效抑制流体系统中虚假速度的产生；②在高雷诺数和大密度比条件下表现出优良的数值稳定性和准确性；③能够准确地捕捉 KH 不稳定性和 RT 不稳定性各发展阶段的演化特征。根据上述表现，本章构建的两相流模型为后续研究高速气流作用下液膜在预膜板唇边的一次破碎过程奠定了坚实的方法基础。

第二，基于实际预膜喷嘴雾化过程中的流体参数特点，本章详细考察了雷诺数、密度比以及黏度比对 KH 不稳定性和 RT 不稳定性各发展阶段的影响规律。研究结果表明，雷诺数对两种不稳定性诱发的相界面卷曲变化以及流体间渗透混合具有增益效果，而密度比和黏度比则对此具有抑制作用。另外，在高雷诺数和大密度比条件下，由占据主导地位的惯性力所诱发的开尔文-亥姆霍兹小尺度波动，会使得两种不稳定性演化过程中出现剧烈的相界面拓扑形变。由于 KH 不稳定性和 RT 不稳定性是引起液膜一次破碎的重要机制，因此这部分研究对后续探讨高速气流作用下液膜在预膜板唇边的一次破碎机理具有重要的理论参考价值。

第四章

预膜表面润湿性对液膜一次破碎过程的影响机制

第一节　预膜式空气雾化喷嘴一次雾化概述

根据有无预膜结构，空气雾化喷嘴在实际应用中可具体分为预膜式和非预膜式两种类型。与非预膜式空气雾化喷嘴相比，预膜式空气雾化喷嘴的液膜稳定性和雾化均匀性更好，污染物排放量更低，而且能更好地适应不同运行工况下航空发动机的燃料雾化要求[4,5]。因此，预膜式空气雾化喷嘴自诞生以来就受到国内外学者的广泛关注。典型的预膜式空气雾化喷嘴的雾化过程在第一章图 1－3 中已经有过详细描绘，其从本质上来说就是高速气流作用下液膜在预膜板唇边及其下游区域发生破碎的过程。其中不仅涉及液-固（燃油-预膜板）间相互作用造成的液体铺展和堆积，还包含气-液（空气-燃油）相界面迁移、变形、破碎以及融合等复杂界面动力学行为。

针对高速气流作用下液膜在预膜板唇边的一次破碎过程，现阶段的研究仍然非常匮乏，而且关于该过程中出现的液膜堆积、液丝形成以及液丝一次破碎间耦合规律的分析也亟须开展。此外，前人的研究指出液膜在预膜板唇边的堆积行为对随后发生的一次破碎过程影响显著[14,20]，而预膜板表面润湿性作为影响液膜堆积行为的重要因素，其具体影响机制到目前为止仍未见报道。为此，本章的主要工作包括如下四方面：①基于平板式预膜空气雾化喷嘴，确定与高速气流作用下液膜在预膜板唇边一次破碎过程相吻合的数值模拟条件；②提出与第三章构建的基于相场理论的 LBM－MRT 大密度比两相流模型（适用于正交均匀网格）相匹配的水平壁面润湿性处理方法；③探究高速气流作用下液膜在预膜板唇边的一次破碎机理，重点阐释液膜堆积、液丝形成以及液丝一次破碎间的耦合规律；④探明预膜板表面润湿性在液膜堆积、液丝形成以及液丝一次破碎三方面的影响机制，并且确定优化液膜一次破碎效果的预膜板表面润湿条件。

第二节　物理模型及模拟条件

一、计算域划分

与本章数值计算相匹配的计算域由文献[23]中典型的平板式预膜空气雾化喷嘴的实验

装置来确定。如图 4－1 所示，具有对称翼型结构（NACA－0010）的平板式预膜空气雾化喷嘴被置于矩形通道的中心位置，并且高速气流从矩形通道的左侧进入。与此同时，液膜经由预膜内通道流出以后，先在预膜板上表面受到一侧高速气流的剪切作用，直到脱离预膜板才受到两侧高速气流的共同作用。鉴于本章关注的主要是高速气流作用下液膜在预膜板唇边的一次破碎过程，为了简化计算过程并提高计算效率，实际的数值模拟过程仅截取包含预膜板唇边结构在内的部分作为计算域，具体参见图 4－2。计算域对应的结构尺寸如表 4－1 所示。需要指出的是，表中尺寸参数的设定参考了 Koch 等人[25]和 Braun 等人[175]的数值研究，其合理性已经得到充分验证。另外，由于流体流动状态在预膜板近尾迹区内为非稳态层流[176]，因此本章的二维数值分析也是可行的，关于这一点 Holz 等人[20]和 Koch 等人[25]在其研究中也进行了相关报道。

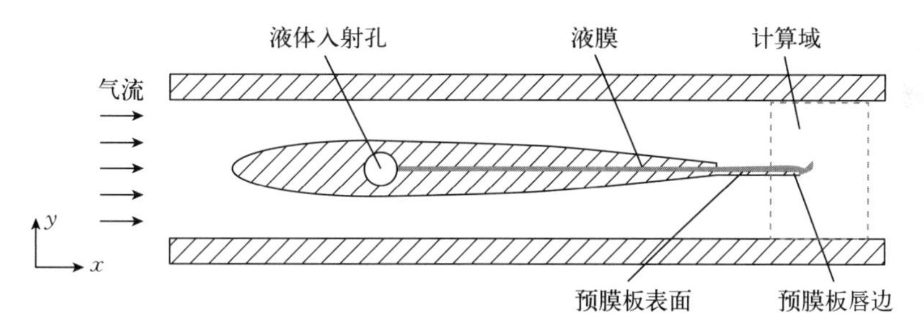

图 4－1　平板式预膜空气雾化喷嘴的实验装置

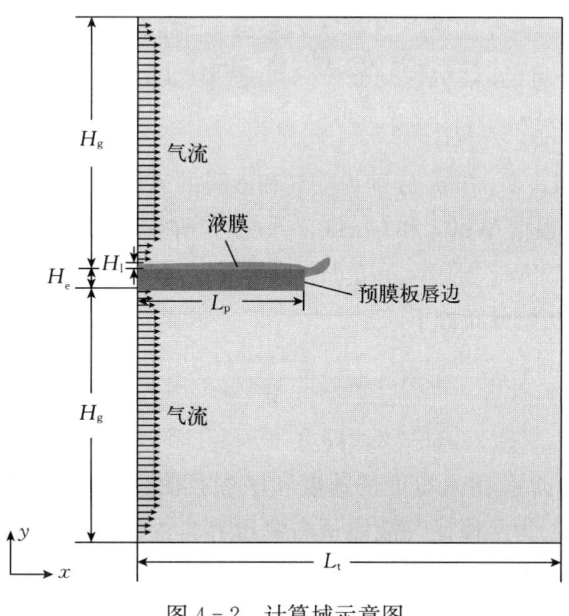

图 4－2　计算域示意图

表 4-1　计算域的几何尺寸（实际物理单位）

对象	尺寸	单位
计算域长度（L_t）	6	mm
截取的预膜板长度（L_p）	2	mm
气流通道高度（H_g）	3	mm
预膜板厚度（H_e）	230	μm
液膜初始厚度（H_l）	80	μm

二、初始条件和边界条件

根据上述计算域划分，左侧入口处的速度分布参考 Odier 等人[177,178]的研究，按照如下分段函数的形式给定

预膜板下方：

$$u(y)=\begin{cases} u_g(2\eta-2\eta^3+\eta^4), & \eta=\dfrac{H_g-y}{\delta_b}, \ y\in(H_g-\delta_b, \ H_g] \\ u_g, & y\in[\delta_b, \ H_g-\delta_b] \\ u_g(2\eta-2\eta^3+\eta^4), & \eta=\dfrac{y}{\delta_b}, \ y\in[0, \ \delta_b) \end{cases} \tag{4-1}$$

预膜板上方：

$$u(y)=\begin{cases} u_g(2\eta-2\eta^3+\eta^4), & \eta=\dfrac{b+H_g-y}{\delta_b}, \ y\in(b+H_g-\delta_b, \ b+H_g] \\ u_g, & y\in[b+H_l+\delta_c, \ b+H_g-\delta_b] \\ (u_g-u_l)\eta+u_l, & \eta=\dfrac{y-b-H_l}{\delta_c}, \ y\in[b+H_l, \ b+H_l+\delta_c) \\ u_l, & y\in[b, \ b+H_l) \end{cases} \tag{4-2}$$

式中，$b=H_g+H_e$，u_g 和 u_l 分别为空气和液膜的入口速度（格子单位）。

边界层厚度 δ_b 可根据 White 和 Corfield[179]在其研究中给出的实验关联式来确定，而 δ_c 的计算式为 $\delta_c=6H_g/Re_g^{0.5}$ 且 $Re_g=u_gH_g/\nu_g$[30,170]。

入口处的序参数初始分布如下

$$\varphi(y)=\begin{cases} 0.5-0.5\tanh\dfrac{2(y-b-H_l)}{W}, & y\in[b, \ b+H_g] \\ 0, & y\in[0, \ H_g] \end{cases} \tag{4-3}$$

由式 4-1～式 4-3 获得入口处的速度和序参数信息以后，对应的边界处理采用 Zu 和 He[150]提出的方法。为了保证气液能从右侧边界自由流出且在此过程中流体的相关参数不受边界干扰，此处将右侧边界设定为开放式边界，按照 Lou 等人[180]提出的对流边界处理格式（CBC-AV）来执行。计算域上下边界以及预膜板表面皆设定为无滑移边界，采用反弹格式来处理。

第三节　水平壁面润湿性处理方法

预膜板表面润湿性的正确处理是本章研究得以顺利进行的基础，为此需要在预膜板表面设定如下的润湿性边界条件[155,181]

$$\boldsymbol{n}_w \cdot \nabla\varphi|_w = -\sqrt{\frac{2\beta}{\kappa}}\cos\theta(\varphi_w - \varphi_w^2) \tag{4-4}$$

式中，$\boldsymbol{n}_w$ 为壁面上的单位法向量且其指向流体内部（图 4-3），θ 为接触角，φ_w 为水平壁面上的序参数值，参数 β 和 κ 是与表面张力系数 σ 以及流体界面厚度 W 相关的量，定义如下

$$\kappa = \frac{3\sigma W}{2},\ \beta = \frac{12\sigma}{W} \tag{4-5}$$

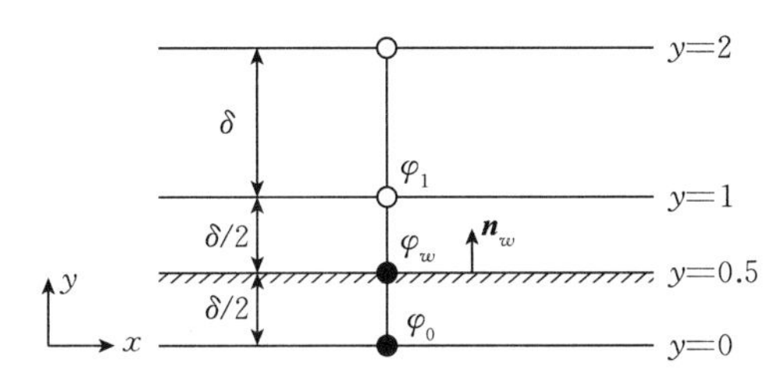

图 4-3　水平壁面润湿性处理示意图

在本章所使用的两相流模型中，序参数梯度 $\nabla\varphi$ 以及拉普拉斯算子 $\nabla^2\varphi$ 的计算采用的是二阶中心差分方法，即式 3-32 和式 3-33。从式中可以发现，在与水平壁面相邻的流体点处（图 4-3 中的 $y=1$ 处），$\nabla\varphi$ 和 $\nabla^2\varphi$ 的计算需要知道固体点（$y=0$）上的序参数信息。由于该处的序参数值 φ_0 是未知的，因此需要求解式 4-4 所代表的润湿性边界条件来获取，具体如下

$$\boldsymbol{n}_w \cdot \nabla\varphi|_w = \frac{\partial\varphi}{\partial n_w} = \frac{\varphi_1 - \varphi_0}{2\cdot(\delta/2)} = -\sqrt{\frac{2\beta}{\kappa}}\cos\theta(\varphi_w - \varphi_w^2) \tag{4-6}$$

式中，δ 为网格长度。

进一步地，将关系式 $\varphi_w = (\varphi_1 + \varphi_0)/2$ 代入式 4-6，可计算出 φ_0 为

$$\varphi_0 = \begin{cases} \left(1+Q-\sqrt{(1+Q)^2-4Q\varphi_1}\right)/Q - \varphi_1,\ \theta \neq 90^\circ \\ \varphi_1,\ \theta = 90^\circ \end{cases} \tag{4-7}$$

式中，参数 Q 的表达式为

$$Q = -\frac{\delta}{2}\sqrt{\frac{2\beta}{\kappa}}\cos\theta \tag{4-8}$$

上述提出的润湿性处理方法是通过序参数梯度和拉普拉斯算子的计算将固体壁面的润湿效应传递到流体界面处，以改变相应润湿条件下流体界面在固体壁面上的动力学行为，并且该方法体现的壁面润湿效应只在气-液-固接触点处才起作用。因此，相较于前

人[151,182-185]的润湿性处理方法，上述方法可避免在固体壁面上产生虚假液膜，从而消除因虚假液膜的出现对流体界面动力学行为造成的干扰。另外，该润湿性处理方法的合理性可通过模拟液滴在具有不同润湿特性的水平壁面上的铺展或收缩过程加以验证，具体的模拟参数（格子单位 lu）设定如下：计算域尺寸为$2L\times L$，网格量为 $NX\times NY=200\times 100$，液气密度比为 $\rho_l/\rho_g=1\,000$，液气黏度比为 $\mu_l/\mu_g=100$，表面张力系数为 $\sigma=0.02$，液滴的初始位置为（L，0），液滴的半径为 $R=L/8$。图 4-4 即为不同润湿性条件下的液滴平衡形态（忽略重力影响）。从中可以观察到，当水平壁面具有亲水性时（$\theta<90°$），液滴会在壁面上铺展直到形成稳定的扁圆状；而当水平壁面具有疏水性时（$\theta>90°$），液滴则逐渐收缩以减少其与壁面间的接触面积。根据质量守恒定律，可获得不同润湿性条件下液滴距离水平壁面最大高度 h_{max}的解析解，具体如下

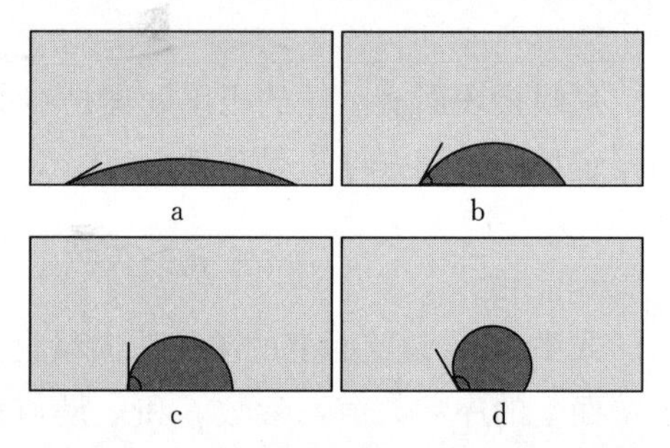

图 4-4　不同润湿性条件下的液滴平衡形态

a. $\theta=30°$　b. $\theta=60°$　c. $\theta=90°$　d. $\theta=120°$

$$\frac{h_{max}}{R}=(1-\cos\theta)\sqrt{\frac{\pi}{2\theta-\sin 2\theta}},\ \theta>0° \tag{4-9}$$

h_{max}的解析解和数值解的对比如表 4-2 所示，可以发现二者吻合良好，从而证明上述润湿性处理方法的有效性。

表 4-2　不同润湿性条件下液滴距水平壁面的最大高度

接触角	h_{max}/R		
	解析解	数值解	相对误差
30°	0.558	0.543	2.69%
60°	0.800	0.781	2.38%
90°	1.000	0.984	1.60%
120°	1.183	1.169	1.18%

第四节　流体参数及网格分辨率

为了贴合喷嘴的实际运行工况，本章设定的压力和温度条件分别为 500 kPa 和 464 K，对应的流体参数如表 4-3 所示。此处，液体选用的是燃油替代物 ShellSol D70[11]，其目的是便于在后续的研究中将本章的计算结果与前人的实验和数值计算数据进行对比[18,20]。另外，接触角 θ 在模拟过程中设定在 30°～120°范围内变化，用以探讨预膜板表面润湿性对高速气流作用下液膜在预膜板唇边一次破碎过程的影响。由于 LBM 在实际计算时所用的参数具有格子单位（lu），因此表 4-3 中具有实际物理单位的流体参数需要进行量纲转换，相应的转换方法可参照附录 A。

表 4-3　运行工况和流体物性参数（实际物理单位）

对象	空气	液体	单位
入口速度	$u'_g=30.0$	$u'_l=0.9375$	m/s
密度	$\rho'_g=3.76$	$\rho'_l=770.0$	kg/m^3
动力黏度	$\mu'_g=2.58\times10^{-5}$	$\mu'_l=1.56\times10^{-3}$	Pa・s
表面张力系数	$\sigma'=0.0275$		N/m
接触角	$\theta=30\sim120$		°
空气压力	$p'_g=500$		kPa
空气温度	$T'_g=464$		K
重力加速度	$g'=9.8$		m/s^2

关于计算所需的网格分辨率 dx'，前人的数值研究[20,25,75,175,186]指出，$dx'<10\ \mu m$ 时才能获得与实验数据相吻合的计算结果。为此，本章首先进行了相关的试算，在保证数值计算效率和精度的前提下，最终选定的网格分辨率为 $dx'=5\ \mu m$，对应的网格量为 $NX\times NY=1\,200\times1\,246$。在当前的网格分辨率条件下，设定与前人数值研究[25]和实验研究[187]相同的流体参数，所获得的液丝破碎频率 $\overline{f}_b$ 和破碎长度 $\overline{L}_b$ 如表 4-4 所示。需要指出的是，为了保证与实验中所使用的预膜板具有相同的表面润湿条件，数值计算过程中设定接触角为 $\theta=60°$[20,25,175]。从表中的数据对比可以发现，本书的数值计算结果和前人[25,187]的研究结果吻合良好，从而证明了当前网格分辨率的合理性。

表 4-4　液丝破碎频率和破碎长度的数值计算结果与实验结果的对比

比较	$\overline{f}_b$（Hz）	$\overline{L}_b$（mm）
前人实验结果[187]	250	1.521
前人数值计算结果[25]	265	1.625
本书数值计算结果	269	1.612

第五节　表面润湿性对液膜演变的影响

高速气流作用下液膜在预膜板唇边的一次破碎过程可划分成以下 3 个相互关联的阶段：①液膜在预膜板唇边的堆积；②液丝的形成及摆动；③液丝的一次破碎和液滴的形成。本节将分别对这 3 个阶段的耦合规律进行详细分析，并重点探讨预膜板表面润湿性在液膜堆积、液丝摆动以及液丝一次破碎等方面的影响机制。另外，为了便于与实际物理过程进行对照，以下的数值计算结果已从格子单位转换成实际物理单位。

一、液膜在预膜板唇边的堆积

如图 4-5 所示，液膜在自身动能和高速气流的共同驱动下向预膜板唇边流动。当液膜到达预膜板唇边时会发生堆积，而预膜板唇边则起到“蓄液池”的作用。与此同时，液膜的堆积行为受到预膜板表面润湿性的影响极大：当预膜板表面具有亲水性时（$\theta<90°$），预膜板唇边基本完全被液体覆盖；当预膜板表面具有疏水性时（$\theta>90°$），预膜板唇边被液体覆盖的区域减少并逐渐向预膜板上表面收缩。上述液膜堆积行为的变化趋势表明，具有亲水性（$\theta<90°$）的预膜板表面更有利于液膜堆积现象的发生，因而相应条件下的预膜板唇边也能够蓄积更多的液体用于后续液丝的生长。另外，如图 4－6 所示，由于流体界面附近存在极大的气液剪切速度差（速度梯度），所诱发的 KH 不稳定性会使得液膜上表面出现表面波。

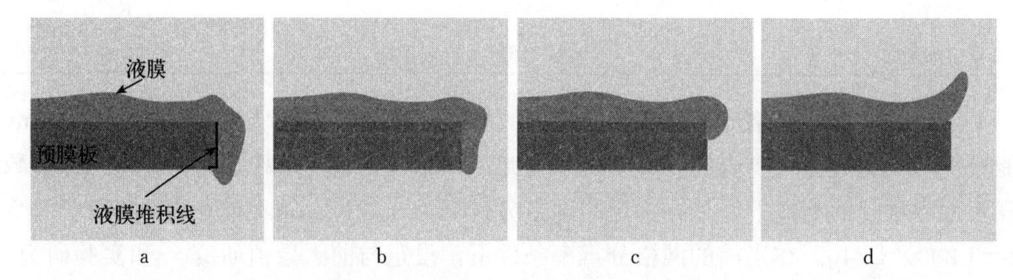

图 4－5　不同润湿性条件下液膜在预膜板唇边的堆积形态（$t=1.5$ ms）

a. $\theta=30°$　b. $\theta=60°$　c. $\theta=90°$　d. $\theta=120°$

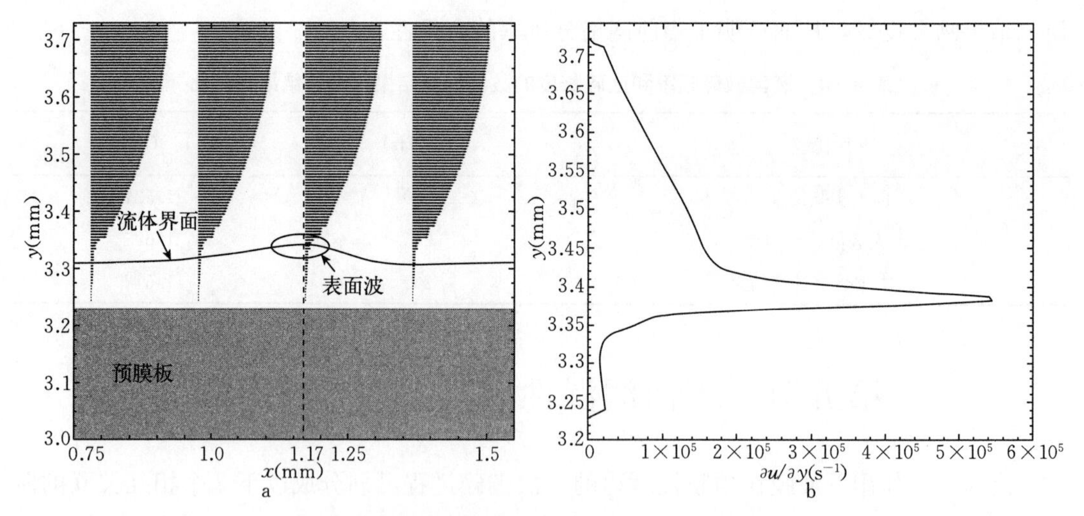

图 4－6　流体界面附近速度场（$\theta=30°$，$t=1.5$ ms）

a. 速度矢量　b. 沿竖直线 $x=1.17$ 的顺流方向速度的梯度

为了对液膜堆积行为进行定量分析，此处定义了液膜堆积线的概念，如图 4－5（a）中所示。通过统计不同润湿性条件下液膜堆积线长度 l_a 随时间的变化，即可反映预膜板表面润湿性对液膜堆积行为的影响规律，详见图 4－7。从中可以发现，不同润湿性条件下液膜堆积线长度随时间的变化曲线皆呈现出明显的周期性。曲线上的波动是由于液丝的生长、摆动和脱离造成的，关于这一点将在后面两个阶段的分析中体现。由图 4－7 中的

曲线可进一步获得不同润湿性条件下液膜堆积线长度的最大值 $\bar{l}_{a|\max}$ 和变化频率 $\bar{f}_a$，详见表 4-5。值得注意的是，液膜堆积线长度的最大值与预膜板唇边堆积的液体量呈正相关。表中的统计数据表明，随着预膜板表面润湿性由亲水变为疏水，液膜堆积线长度的最大值逐渐减小，而液膜堆积线长度的变化频率逐渐增大。换言之，具有疏水性的预膜板能够有效弱化液膜的堆积行为。

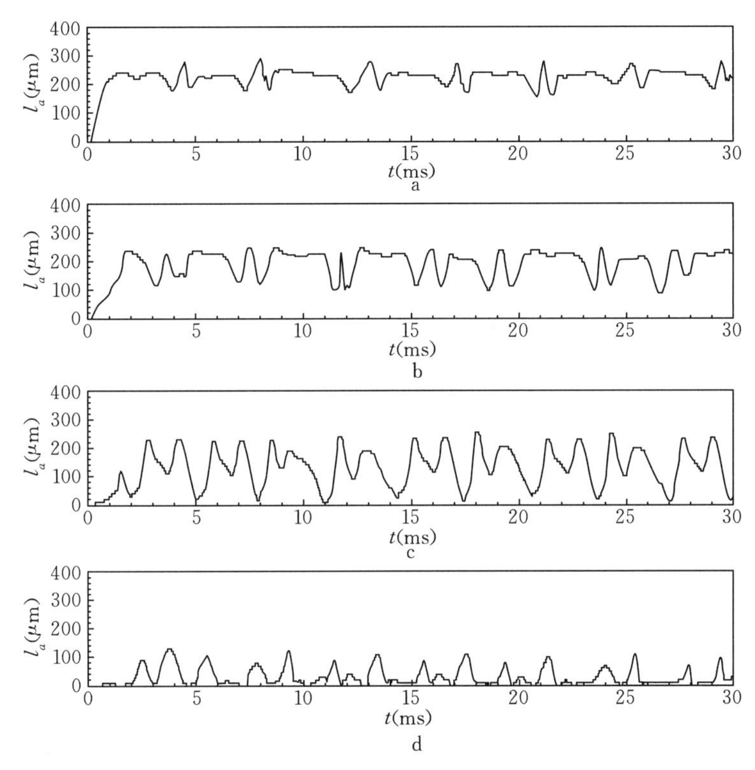

图 4-7　不同润湿性条件下液膜堆积线长度随时间的变化

a. θ=30°　b. θ=60°　c. θ=90°　d. θ=120°

表 4-5　不同润湿性条件下液膜堆积线长度的最大值和变化频率

接触角	$\bar{l}_{a\|\max}$（μm）	$\bar{f}_a$（Hz）
θ=30°	288	238
θ=60°	245	267
θ=90°	228	323
θ=120°	114	365

二、液丝的形成及摆动

在上下两侧高速气流的共同作用下，堆积在预膜板唇边的液膜被拉伸变长形成液丝，详见图 4-8。具体来说，液丝的形成是 KH 不稳定性和 RT 不稳定性共同作用的结果，前者主要放大相界面扰动和使液体表面产生波动，后者则诱发相界面扰动的波峰处形成突起，该突起最终在气流的剪切作用下生长成液丝。上述过程与从第三章图 3-8 中观察到的现象相近。从图 4-8 中也可以发现，由于具有亲水性（$\theta<90°$）的预膜板唇边可以蓄积更多的液体用于液丝生长，故在相应润湿性条件下生长出的液丝更粗、更长。与此同时，预膜板尾迹区内的非稳态流动会造成液丝在生长过程中出现上下摆动的现象。图 4-9 中以接触角 $\theta=30°$时的情况为例，给出的不同时刻临近预膜板唇边区域内的流线变化可以证明这一点。另外，液丝中间位置出现的卷曲现象，则是 KH 不稳定性作用的结果。

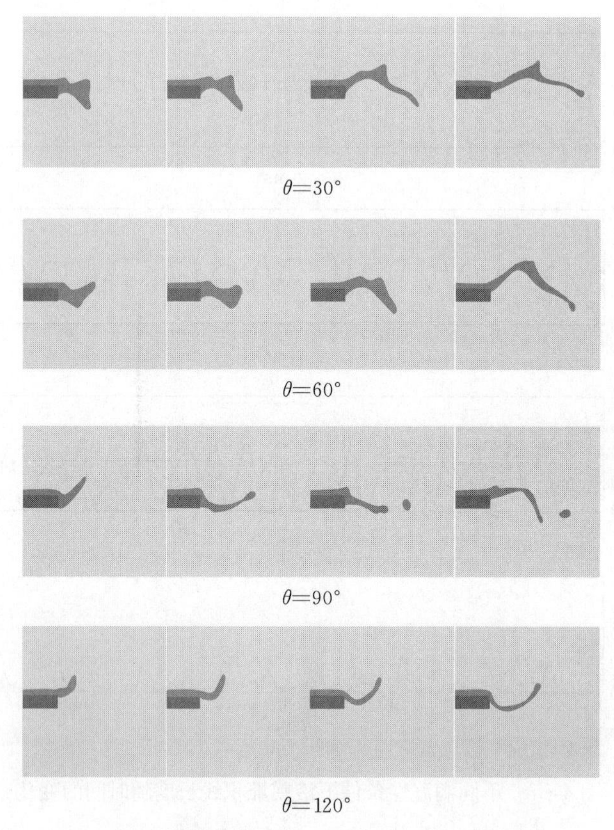

图 4-8　不同润湿性条件下液丝的生长及摆动

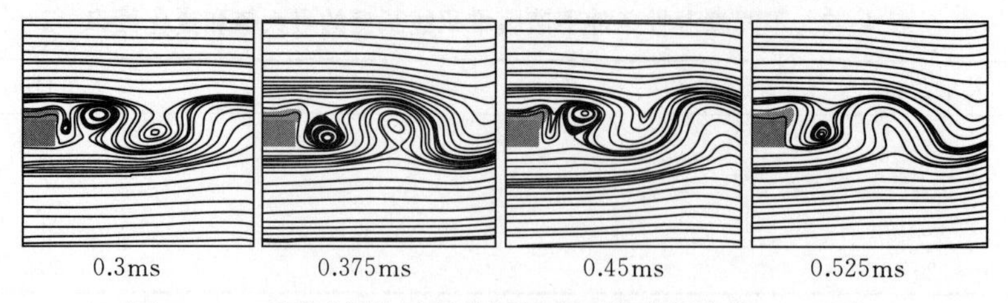

图 4-9　不同时刻临近预膜板唇边区域内的流线（$\theta=30°$）

接下来的研究，以液丝未脱离预膜板唇边为前提，着重探讨了预膜板表面润湿性对液丝在预膜板尾迹区内摆动范围的影响。要实现该研究目标，准确标记液丝位置的动态变化是关键。为此，采用连通域标记算法（Connected - component labeling algorithm，CLA）[188-190]实时记录液丝在预膜板尾迹区内的位置变化。根据不同时刻的标记结果，可进一步统计出整个模拟过程中液丝出现位置的概率。如图 4-10 所示，以接触角 $\theta=30°$的情况为例绘制液丝出现位置的概率云图。从图中可以看到，距离预膜板唇边越近，液丝出现的概率越高，这主要是因为预膜板唇边是液丝生长起点。通过统计不同润湿性条件下液丝出现位置的概率云图，其中概率等于 10^{-8} 的等值线所包围的区域即为液丝最大摆动范围，具体如图 4－11 所示。图中的结果表明，随着预膜板表面润湿性由亲水变为疏水，液丝的最大摆动范围逐渐缩小。

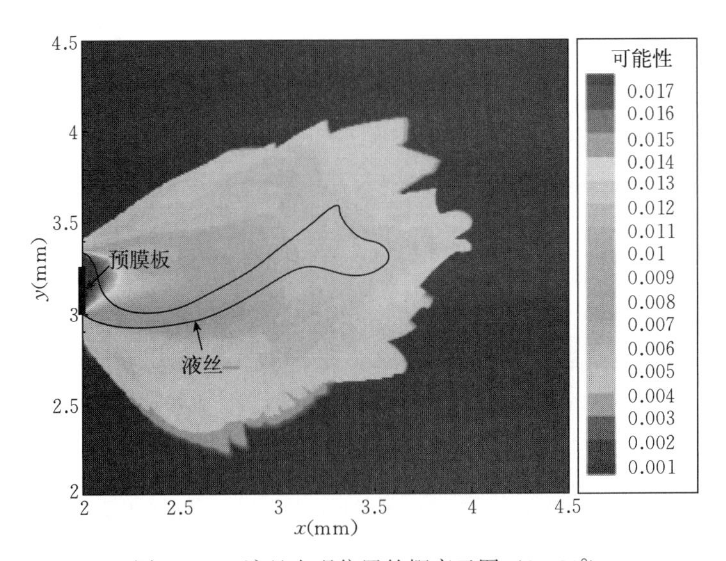

图 4－10　液丝出现位置的概率云图（$\theta=30°$）

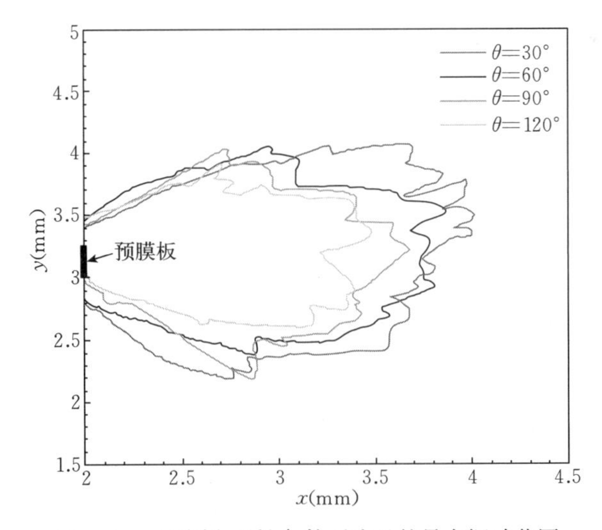

图 4－11　不同润湿性条件下液丝的最大摆动范围

三、液丝的一次破碎和液滴的形成

当液丝被拉伸得足够长，其会在两侧高速气流的剪切作用下发生一次破碎，从而脱离预膜板唇边，形成游离的液体微团和液滴。图 4－12 为不同润湿性条件下液丝在预膜板唇

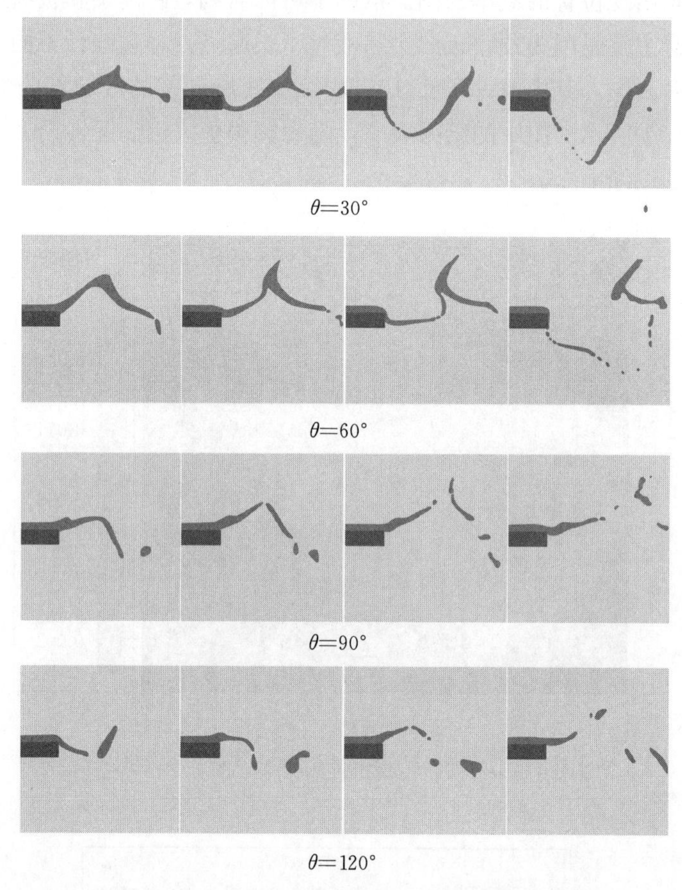

图 4-12　不同润湿性条件下液丝的拉伸和破碎

边发生一次破碎的过程，可以看到液丝发生破碎的位置通常是在其末端或中间部位。与此同时，该过程所产生的游离液体微团和液滴在同向气流的裹挟下将继续向下游运动，而液丝残留在预膜板唇边的部分则继续累积液体，成为下一个破碎周期的起点。对比不同润湿性条件下液丝的破碎过程，可以发现亲水性越强，破碎发生后所产生的游离液体微团体积越大、携带的液体量也越多。为了对上述过程进行定量分析，此处定义了液丝当量长度 L_{eq} 的概念，即

$$L_{eq}=2\sqrt{\frac{h_{lig}l_{lig}}{\pi}} \tag{4-10}$$

式中，l_{lig} 和 h_{lig} 分别为液丝的横向长度和纵向高度。如图 4-13 所示，液丝的横向长度 l_{lig} 从预膜板唇边开始算起，相当于液丝在 x 方向的投影长度，而液丝的纵向高度 h_{lig} 则是其在 y 方向最大坐标和最小坐标的差值。事实上，式 4-10 所定义的液丝当量长度不仅可以反映液丝的尺寸，也可以反映液丝中所携带的液体量。

图 4-14 记录了不同润湿性条件下液丝当量长度 L_{eq} 和计算域中游离液滴数量 $N_{droplet}$ 随时间的变化。从中可以发现，液丝当量长度的“鱼鳍”状演化曲线（黑色实线）呈现出

明显的周期性，而游离液滴数量的演化曲线（蓝色实线）则没有表现出显著的周期性变化，这主要是游离液滴在计算域中滞留以及二次破碎的发生所导致[25,191-193]。图 4-14 中（θ=30°）标注的位置代表液丝发生一次破碎，其特点是液丝当量长度急剧降低而游离液滴数量急剧增加。由液丝当量长度演化曲线的峰值可确定液丝的破碎长度 $\bar{L}_b$，而液丝的破碎频率 $\bar{f}_b$ 则可通过两个相邻波峰间的时间间隔来计算。由不同润湿性条件下统计出的液丝破碎长度和破碎频率，可进一步对预膜板表面润湿性在液丝一次破碎过程中的影响作定量评估。

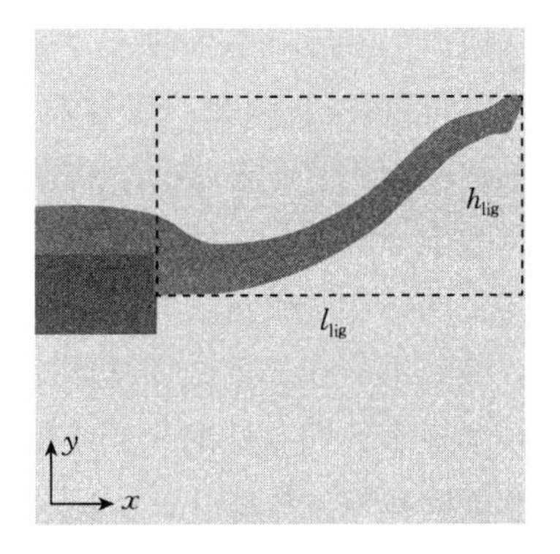

图 4-13　描述液丝尺寸的参数

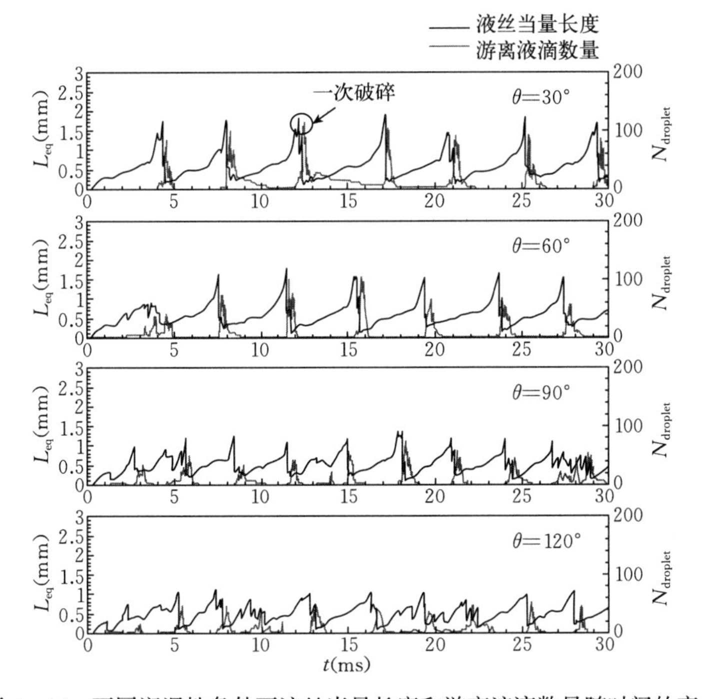

图 4-14　不同润湿性条件下液丝当量长度和游离液滴数量随时间的变化

不同润湿性条件下，液丝破碎长度和破碎频率的统计结果如表 4-6 所示。从中可以发现，随着预膜板表面润湿性由亲水变为疏水，液丝破碎长度逐渐减小，而液丝破碎频率逐渐增大。具体而言，当接触角 θ 由 30°增加到 120°，液丝破碎长度总体降低了 30.1%，而液丝破碎频率则增加了 46.7%。此外，在接触角 θ 由 60°增加到 90°的过程中，液丝破碎长度和破碎频率的变化幅度最大，分别达到 23.3%和 31.9%。上述结果的出现也是与具有亲水性的预膜板唇边能够蓄积更多的液体用于液丝的生长有关，这与从图 4-12 中观察到的现象一致。值得注意的是，本章在接触角等于 60°时获得的液丝破碎频率（251 Hz）与文献中[20]报道的相同条件下的实验数据（267 Hz）吻合良好，从而再次证明本章数值计算结果的可靠性。

前人的实验和数值研究[11,25]皆指出，液丝的破碎长度与一次破碎发生后产生液滴的SMD呈正相关。因此，结合表4-6中数值的计算结果可以得出如下结论，即具有疏水表面的预膜板更有利于液膜一次破碎的发生，而且对提高一次雾化质量具有良好的效果。从本章数值计算结果中还可以获得的一条重要信息，即液膜在预膜板唇边的堆积过程与其随后发生的一次破碎过程之间具有极强的关联性，具体体现在两个方面：①相同润湿性条件下，液膜堆积线长度的变化频率（$\bar{f}_a$）与液丝破碎频率（$\bar{f}_b$）基本一致，如表4-7所示；②预膜板表面润湿性的改变使得预膜板唇边液膜堆积行为发生变化，从而导致液丝破碎长度和破碎频率发生变化，如图4-12和表4-6所示。液膜堆积与其一次破碎间的关联性在Chaussonnet等人[14]的实验研究中也有提及，本章的数值研究则对该关联性进行了系统性的分析和验证。

表4-6　不同润湿性条件下的液丝破碎长度和破碎频率

接触角（θ）	$\bar{L}_b$（mm）	$\bar{f}_b$（Hz）
30°	1.73	240
60°	1.62	251
90°	1.24	332
120°	1.21	352

表4-7　不同接触角下液丝破碎频率和液体堆积线长度变化频率（Hz）的对比

项目	30°	60°	90°	120°
$\bar{f}_b$	240	251	332	352
$\bar{f}_a$	238	269	326	364

本章小结

本章基于平板式预膜空气雾化喷嘴，利用第三章中所构建的基于相场理论的LBM-MRT大密度比两相流模型（正交均匀网格），对高速气流作用下液膜在预膜板唇边的一次破碎过程进行了系统的数值分析，重点探讨了预膜板表面润湿性在液膜堆积、液丝摆动以及液丝一次破碎等方面的影响机制。在当前研究条件下，可得出如下结论。

第一，本章提出的润湿性处理方法与基于相场理论的LBM-MRT大密度比两相流模型相耦合，可准确再现水平壁面的润湿特性。另外，与前人采用的润湿性处理方法相比，本章提出的方法可有效避免在壁面上产生虚假液膜，从而消除了因虚假液膜的出现对流体界面动力学行为造成的干扰。

第二，由于高速气流与液膜的相界面附近存在较大的剪切速度差，所诱发的KH不稳定性使得液膜上表面出现表面波。同时，RT不稳定性会致使液膜表面波的波峰处形成突起，而该突起最终在气流的剪切作用下被拉伸成液丝。另外，液丝在摆动过程中出现的卷曲变化，则是KH不稳定性作用的结果。

第三，液膜在预膜板唇边的堆积过程以及随后产生液丝的一次破碎过程皆表现出明显的周期性，并且液膜堆积线长度的变化频率与液丝的一次破碎频率在不同润湿性条件下保持高度一致。上述结果表明，液膜堆积与其一次破碎间具有紧密的关联性。

第四，随着预膜板表面润湿性由亲水变为疏水，堆积在预膜板唇边的液体量逐渐减少，从而使得产生液丝的尺寸和摆动范围缩小，并最终导致液丝破碎长度降低而破碎频率增加。换言之，具有疏水表面的预膜板因能有效弱化液膜的堆积行为，而有利于提升高速气流作用下液膜在预膜板唇边的一次破碎效果。

第五章

预膜板唇边结构对液膜一次破碎过程的影响机制

第一节　预膜结构作用原理概述

与其他类型的空气雾化喷嘴相比，预膜式空气雾化喷嘴的最大特点是具有预膜结构。以平板式预膜空气雾化喷嘴为例，液体燃料从预膜内通道流出以后，首先以液膜的形式在预膜板上铺展并在自身动能和一侧高速气流的剪切作用下产生波浪式流动，直至脱离预膜板才受到来自两侧高速气流的共同作用。由于预膜结构的存在，预膜式空气雾化喷嘴的液膜稳定性和雾化均匀性都得到了明显的改善。

预膜板作为预膜式空气雾化喷嘴的关键组成部件，其本身的结构特征对液膜一次破碎过程有着重要影响。到目前为止，相关研究仅考虑过预膜板长度及其唇边厚度的影响规律。Gepperth 等人[11]的实验研究指出，预膜板长度对液膜破碎频率和雾化液滴尺寸的影响较小，而预膜板唇边厚度与液膜破碎频率呈负相关，与雾化液滴尺寸呈正相关。但是，在与 Gepperth 等人[11]类似的实验研究中，学者们却得出了不同的结论。Chaussonnet 等人[14,21]的研究表明，只有当预膜板足够长并且能保证液膜在流动到预膜板唇边前达到稳定状态时，预膜板长度的变化才对液膜的一次破碎过程没有明显影响。Déjean 等人[22,23]的研究则进一步指出预膜板存在最佳长度，并且在该长度下所获得的液膜一次破碎效果最优。此外，Inamura 等人[24]在考察预膜板唇边厚度对液膜一次破碎过程的影响时，发现改变预膜板唇边厚度，液膜破碎频率和雾化液滴尺寸并没有发生明显的变化。关于这一争议点，Koch 等人[25]给出的解释是 Inamura 等人[24]在实验中所选用预膜板的唇边厚度要远小于 Gepperth 等人[11]。

综上所述，预膜板长度在液膜一次破碎过程中的作用规律基本已成定论，而预膜板唇边厚度对液膜一次破碎过程的影响机制仍需进一步验证。与此同时，预膜板的唇边结构（包括唇边厚度和唇边形状在内）是改变液膜堆积行为的关键因素，因而其在液膜一次破碎过程中的影响规律必然具有重要的研究价值。为此，本章基于平板式预膜空气雾化喷嘴，开展如下四方面的研究工作：①由于本章涉及的预膜板唇边形状中存在曲面和斜面，而贴体网格对于斜面和曲面的描述更加准确，本章将第三章中构建的适用于正交均匀网格的 LBM - MRT 大密度比两相流模型拓展到贴体网格中，并且提出与之相匹配的曲面（或斜面）润湿性处理方法，以此为相应的研究提供精度更高的数值计算工具；②扩大矩形预膜板唇边厚度的变化范围（25～400 μm），分析并总结不同预膜板唇边厚度下液膜一次破碎过程的变化规律，用以解决前人在预膜板唇边厚度影响机制研究中存在的争议；③改变预膜板唇边形状使其沿顺流方向呈渐缩式变化，分析相应条件下液膜堆积、液丝摆动以及液丝一次破碎的变化规律，用以阐释预膜板唇边形状对液膜一次破碎过程的影响机制；④根据上述研究结果，确定优化液膜一次破碎效果的预膜板唇边结构特点。

第二节　基于贴体网格的 LBM - MRT 大密度比两相流模型

由于本章后续研究涉及的预膜板唇边形状中存在曲面和斜面，而贴体网格对于曲面和斜面的描述更加准确[125,126]。为此，本节以第二章中 LBM - MRT 单相流模型在贴体网格中的拓展经验为基础，将第三章中适用于正交均匀网格的 LBM - MRT 大密度比两相流模型拓展到贴体网格中。

因为第三章中适用于正交均匀网格的 LBM - MRT 大密度比两相流模型在矩空间中的碰撞过程仅在当前格点上进行（不涉及相邻格点），所以与碰撞过程相关的公式由物理平面向计算平面转换时，只需要将坐标$\boldsymbol{x}$替换成$\boldsymbol{\xi}$即可。对于迁移过程，由于式 3 - 9 和式 3 - 24中含有离散速度，而物理平面和计算平面中的离散速度存在很大的差异，所以相应的转换过程需要特殊处理。为此，首先将式 3 - 9 和式 3 - 24 改写成如下的形式

$$h_i(\boldsymbol{\xi},\ t+\delta t)=h_i^*(\boldsymbol{\xi}-\Delta\boldsymbol{\xi}_{up,i},\ t) \tag{5-1}$$

$$g_i(\boldsymbol{\xi},\ t+\delta t)=g_i^*(\boldsymbol{\xi}-\Delta\boldsymbol{\xi}_{up,i},\ t) \tag{5-2}$$

其中，迁移距离 $\Delta\boldsymbol{\xi}_{up,i}$由式 2 - 10～式 2 - 12 来计算。由于式 5 - 1 和式 5 - 2 右端的坐标位置$\boldsymbol{\xi}-\Delta\boldsymbol{\xi}_{up,i}$通常并不位于计算平面的网格格点上，因此需要通过插值来确定迁移后的粒子分布函数值。

根据 Imamura 等人[125]建议，此处选用二阶抛物线插值来保证计算精度

$$h_i(\boldsymbol{\xi},t+\delta t)=h_i^*(\boldsymbol{\xi}-\Delta\boldsymbol{\xi}_{up,i},t)=\sum_{k=0}^{2}\sum_{l=0}^{2}a_{i,k,\xi}a_{i,l,\eta}h_i^*(\xi_{m+k\cdot md},\eta_{n+l\cdot nd},t) \tag{5-3}$$

$$g_i(\boldsymbol{\xi},t+\delta t)=g_i^*(\boldsymbol{\xi}-\Delta\boldsymbol{\xi}_{up,i},t)=\sum_{k=0}^{2}\sum_{l=0}^{2}a_{i,k,\xi}a_{i,l,\eta}g_i^*(\xi_{m+k\cdot md},\eta_{n+l\cdot nd},t) \tag{5-4}$$

式中，插值系数 $a_{i,k,\xi}$和 $a_{i,l,\eta}$的确定方法参照式 2 - 16 和式 2 - 17。与此同时，时间步长需要按照式 2 - 18 来确定，用以确保粒子分布函数在经过一个时间步长的迁移过后，其坐标不会超出以当前格点为中心的相邻网格区域，从而保证式 5 - 3 和式 5 - 4 中的插值过程能顺利进行。至于宏观量（序参数、速度和压力等）的计算方法，与第三章中基于正交均匀网格的两相流模型完全相同。另外需要注意的是，序参数梯度$\nabla\varphi$ 和拉普拉斯算子$\nabla^2\varphi$ 在按照式 3 - 32 和式 3 - 33 进行计算时，由于涉及相邻网格节点上的序参数值，也需

要进行插值处理（方法同上）。

第三节　曲面的润湿性处理方法及模型的对比验证

本节的主要任务是分别提出适用于正交均匀网格和贴体网格的曲面润湿性处理方法，随后将二者与对应网格条件下的LBM－MRT大密度比两相流模型相耦合并通过计算相关基础算例来对比验证两方面内容：①基于贴体网格的LBM－MRT大密度比两相流模型在涉及非正交结构（或非正交计算域）问题中的应用优势；②曲面润湿性处理方法的有效性，以此为后续模拟高速气流作用下液膜在不同形状预膜板唇边（涉及曲面和斜面）的一次破碎过程提供数值方法选择的依据。

一、基于正交均匀网格的曲面润湿性处理方法

在正交均匀网格条件下，曲面的边界线无法保证完全位于网格节点上，且其法向量也不一定与网格线重合，因而给相应的润湿性处理带来了困难。如图5－1所示为正交均匀网格下曲面润湿性处理的示意图，其中黑色空心点和黑色实心点分别代表流体点和固体点。以流体点$(i+1, j+1)$为例，在利用二阶中心差分方法计算该点处的序参数梯度$\nabla\varphi$和拉普拉斯算子$\nabla^2\varphi$时，需要获得周围8个邻近格点上的序参数信息，但是可以发现其中格点(i, j)位于固体壁面内部，其序参数值是未知的。要获取固体点(i, j)的序参数值同样需要求解式4－4所代表的润湿性边界条件，具体步骤如下。

① 过固体点(i, j)作曲面的法线$\boldsymbol{n}_w$（指向流体内部），并求出该法线的斜率$\boldsymbol{k}_w$。

② 确定法线$\boldsymbol{n}_w$与曲面以及流体内部网格线的交点w和p，随后分别计算出固体点(i, j)与w点间的距离d_1、w点与p点间的距离d_2。

③ 利用线性插值来获取p点的序参数值，且线性插值的方向由法线的斜率$\boldsymbol{k}_w$来确定。若法线的斜率$\boldsymbol{k}_w \geqslant 1$（图5－1a），则沿水平方向进行插值

$$\varphi_p = d_p(\varphi_{i+1,j+1} - \varphi_{i,j+1}) + \varphi_{i,j+1} \tag{5-5}$$

若法线的斜率$\boldsymbol{k}_w < 1$（图5－1b），则沿竖直方向进行插值

$$\varphi_p = d_p(\varphi_{i+1,j+1} - \varphi_{i+1,j}) + \varphi_{i+1,j} \tag{5-6}$$

式中，d_p为p点与流体点$(i, j+1)$或$(i+1, j)$间的距离。

当通过上述步骤获得固体点(i, j)与w点间的距离d_1、w点与p点间的距离d_2以及p点的序参数值φ_p以后，式4－4可改写成如下形式

$$\boldsymbol{n}_w \cdot \nabla\varphi|_w = (\varphi_p - \varphi_{i,j})/(d_1 + d_2) = -\sqrt{2\beta/\kappa}\cos\theta(\varphi_w - \varphi_w^2) \tag{5-7}$$

联立如下的关系式

$$\varphi_w = d_1(\varphi_p - \varphi_{i,j})/(d_1 + d_2) + \varphi_{i,j} \tag{5-8}$$

最终可求解出固体点(i, j)的序参数为

$$\varphi_{i,j} = \begin{cases} (d_1 + d_2)\left[1 + Q - \sqrt{(1+Q)^2 - 4Q\varphi_p}\right]/(2Qd_2) - d_1\varphi_p/d_2, & \theta \neq 90^\circ \\ \varphi_p, & \theta = 90^\circ \end{cases} \tag{5-9}$$

式中，参数 Q 的表达式为

$$Q=-d_2\cos\theta\sqrt{2\beta/\kappa} \tag{5-10}$$

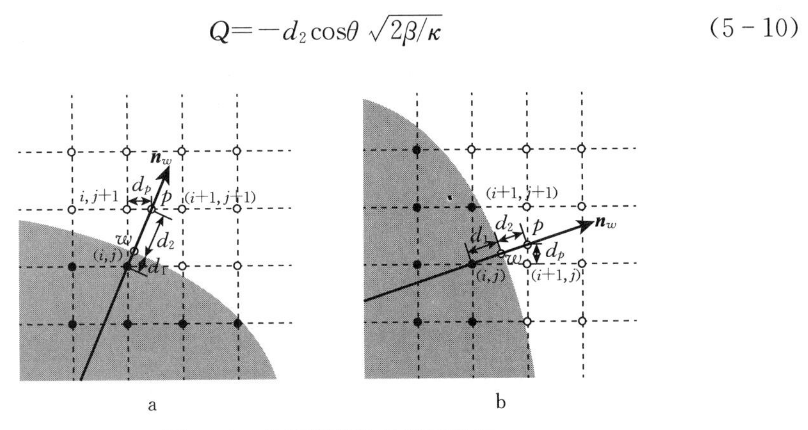

图 5-1　曲面润湿性处理示意图

a. $\boldsymbol{k}_w\geqslant1$　b. $\boldsymbol{k}_w<1$

以上即为基于正交均匀网格的曲面润湿性处理方法，与第四章中水平壁面的润湿性处理方法类似，也是通过序参数梯度$\nabla\varphi$ 和拉普拉斯算子$\nabla^2\varphi$ 的计算将固体壁面的润湿特性传递到流体界面处，以改变相应润湿条件下流体界面在固体壁面上的动力学行为。至于倾斜壁面，相应的润湿性处理过程与上述步骤相同，而且由于其法线方向保持不变。因此，在采用线性插值方法获取 p 点的序参数值时无须重复判断插值方向。

二、基于贴体网格的曲面润湿性处理方法

与正交均匀网格不同，贴体网格的网格节点可准确置于曲面边界上，因而给相应的润湿性处理带来了极大的便利。但是，由于基于贴体网格的 LBM - MRT 大密度比两相流模型的实际计算过程是在计算平面上进行，而 Tao[194] 指出第三类边界条件在向计算平面转换时需要特殊处理，因此这里将式 4-4 所代表的润湿性边界条件作如下转换。

① 将式 4-4 改写成如下形式

$$\frac{\partial\varphi}{\partial n_w}=-\sqrt{\frac{2\beta}{\kappa}}\cos\theta(\varphi_w-\varphi_w^2) \tag{5-11}$$

② 式 5-11 中的偏导项 $\partial\varphi/\partial n_w$ 在计算平面中的计算分为两种情况。

若所要处理的目标曲面的边界位于 ξ 坐标轴上，则有

$$\frac{\partial\varphi}{\partial n_w}=\frac{m\varphi_\eta-n\varphi_\xi}{J\sqrt{m}} \tag{5-12}$$

若所要处理的目标曲面的边界位于 η 坐标轴上，则有

$$\frac{\partial\varphi}{\partial n_w}=\frac{l\varphi_\xi-n\varphi_\eta}{J\sqrt{l}} \tag{5-13}$$

式中，$m=x_\xi^2+y_\xi^2$，$n=x_\xi x_\eta+y_\xi y_\eta$，$l=x_\eta^2+y_\eta^2$。

需要注意的是，以上式中的偏导项（φ_ξ 等）以及雅可比行列式 J 的计算方法已经在第二章中给出。

③ 将 $\partial\varphi/\partial n_w$ 的计算结果带入式 5-11 中即可求出曲面边界上网格点的序参数值。随后，相邻流体点的序参数梯度和拉普拉斯算子的计算则能顺利进行，从而使得曲面的润湿性发挥作用。

对比基于正交均匀网格的曲面润湿性处理方法，以上基于贴体网格的方法更为简单易行。

三、对比验证

这部分研究将基于正交均匀网格和贴体网格的 LBM-MRT 大密度比两相流模型与对应网格条件下的曲面润湿性处理方法相耦合，并利用二者分别模拟液滴在具有不同润湿特性的圆柱表面上的铺展或收缩过程（Case A）以及液滴在重力作用下撞击具有亲水性的圆柱表面的过程（Case B），详见图 5-2。随后，通过计算结果的对比来验证两方面内容：①本节提出的曲面润湿性处理方法的合理性；②基于贴体网格的 LBM-MRT 大密度比两相流模型在涉及非正交结构（或非正交计算域）问题中应用的优越性。

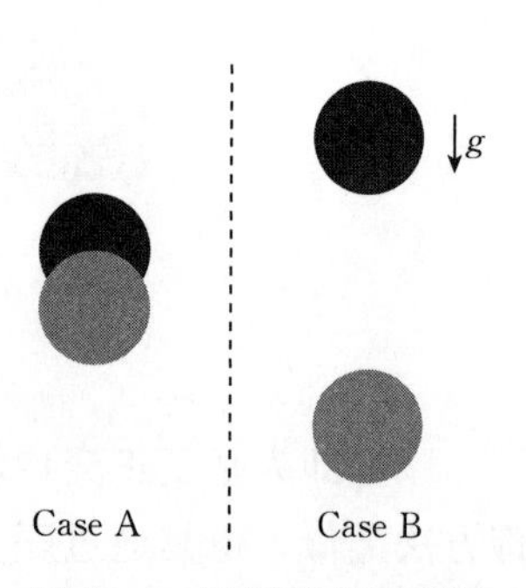

图 5-2　验证算例示意图

首先考虑的是 Case A，即液滴在具有不同润湿性的圆柱表面上的铺展或收缩过程。为了便于与理论分析结果进行对比，模拟过程中忽略重力的影响。在该验证算例中，圆柱和液滴的半径皆设定为 $R_s=30$（格子单位 lu）。初始时刻，圆柱和液滴的中心位于同一条竖直线上且间距为 R_s。基于正交均匀网格和贴体网格的 LBM-MRT 大密度比两相流模型在计算时采用的网格量相同（256×256），但前者采用正交均匀网格而后者采用与第二章圆柱绕流问题中相同的 O 型贴体网格（图 2-4b）。其他相关模拟参数设置为与第四章中水平壁面润湿性处理方法的验证算例相同。

计算结果表明，两种网格条件下的模型获得的液滴在具有不同润湿性圆柱面上的平衡形态类似。因此，此处只给出贴体网格下的计算结果，详见图 5-3。从中可以发现，当圆柱面具有亲水性时（$\theta<90°$），液滴在壁面上铺展以增大其与壁面间的接触面积；而当圆柱面具有疏水性时（$\theta>90°$），液滴则在壁面上收缩以减小其与壁面间的接触面积。图 5-3 中所示的液滴平衡形态随润湿性的变化与实际壁面的润湿特性是一致的[195-198]。为了对两种网格条件下的模型计算结果进行定量对比，本节统计了不同润湿性条件下液滴距离圆柱面中心的最大高度 h_{max}/R_s。与此同时，根据质量守恒定律也可获得 h_{max}/R_s 的解析解，具

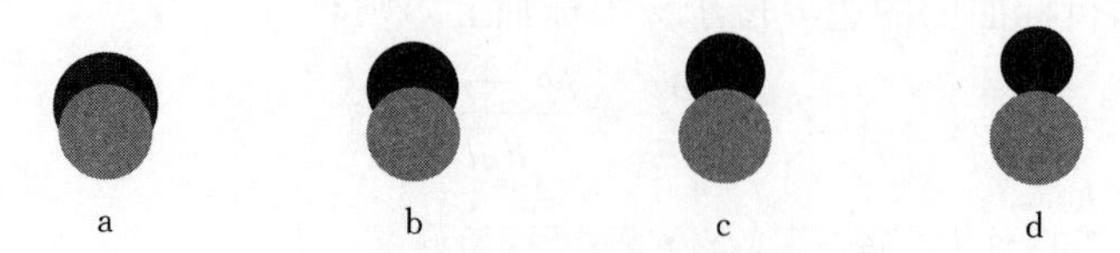

a　　b　　c　　d

图 5-3　液滴在具有不同润湿性圆柱面上的平衡形态

a. $\theta=30°$　b. $\theta=60°$　c. $\theta=90°$　d. $\theta=120°$

体可参考 Fakhari 和 Bolster[109] 的研究。图 5-4即为两种网格条件下获得的液滴距圆柱面中心最大高度的数值解与解析解的对比，可以发现贴体网格下获得的数值解与解析解的偏差更小（≤1.18%）。

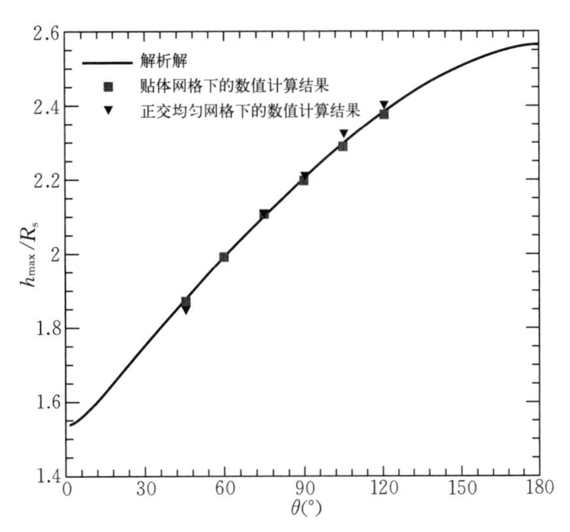

图 5-4 不同润湿性条件下液滴距圆柱面中心的最大高度对比

接下来考虑的是 Case B，即液滴在重力作用下撞击具有亲水性（$\theta=40°$）的圆柱表面的过程。初始时刻，直径同为 $D_s=20$（格子单位 lu）的液滴和圆柱的中心位于同一条竖直线上且二者中心的间距为 $2.5D_s$。为了便于计算结果的分析和对比，此处参考 Fakhari 和 Bolster[109] 的研究，选用如下无量纲参数表征当前研究问题：液气密度比 $r_\rho=\rho_l/\rho_g=1\,000$，液气黏度比 $r_\mu=\mu_l/\mu_g=100$，雷诺数 $Re_g=\rho_l\sqrt{gD_s^3}/\mu_l=25$，邦德数 $Bo=g(\rho_l-\rho_g)D_s^2/\sigma=6.6$，无量纲时间 $t_g^*=t\sqrt{g/D_s}$。在模拟过程中，圆柱置于计算域的中心，并且采用与 Case A 相同的网格设置。

如图 5-5 所示为贴体网格下计算所得的不同时刻液滴在圆柱面上的演化形态。由于圆柱表面具有亲水性，液滴下落到圆柱表面后会附着在其上形成液膜并逐渐向圆柱下表面铺展（$t_g^*=3.2$）。但是，在当前的邦德数条件下（$Bo=6.6$），因为重力较之表面张力占据主导地位，所以圆柱面两侧的液膜在重力的拉伸下发生破碎并脱离圆柱表面（$t_g^*=4.4$）。Bakshi 等人[199] 的实验研究表明，圆柱顶部的液膜厚度 h_f 在演化的第一阶段和第二阶段分别满足关联式 $h^*=1-t^*$ 和 $h^*=0.15\,t^{*-2}$。h^* 和 t^* 为标准化处理后的圆柱顶部液膜厚度和时间，其具体的定义为 $h^*=h_f/h_i$ 和 $t^*=(t-t_i)U_i/D_s$，式中 h_i、U_i 以及 t_i 分别为液滴与圆柱面接触的初始时刻的高度、速度以及时间。本节获得的两种网格条件下的数值计算结果如图 5-6 所示，从中可以发现贴体网格下的模型计算结果与关联式的变化规律更为一致，而正交均匀网格下的模型计算结果虽然在第一阶段与关联式的变化规律吻合良好，但是在第二阶段存在较大偏差。

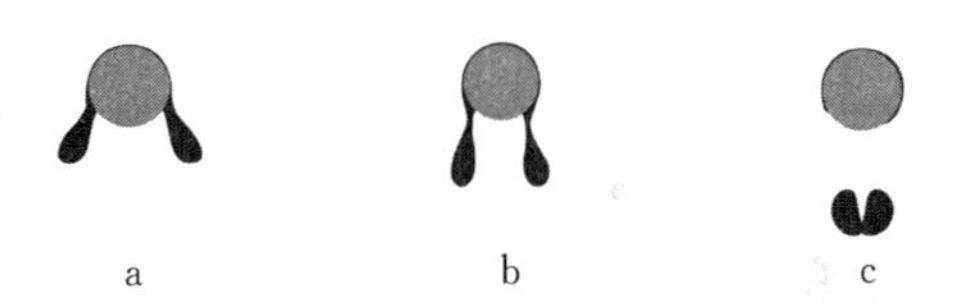

图 5-5 液滴撞击具有亲水性的圆柱表面（$\theta=40°$）

a. $t_g^*=3.2$　b. $t_g^*=3.6$　c. $t_g^*=4.4$

根据上述 Case A 和 Case B 计算结果的对比分析，可以发现本章构建的基于贴体网格的 LBM-MRT 大密度比两相流模型与相应网格条件下的润湿性处理方法相耦合，在涉及非正交结构的问题中具有更优的数值计算精度。此外，与正交均匀网格下模型的时间步长取 1 不同，贴体网格下的模型由式 2-18 确定的时间步长通常小于 1。结合式 2-1 可知相应的无量纲松弛时间也会有所增加，因而本章发展的基于贴体网格的 LBM-MRT 大密度

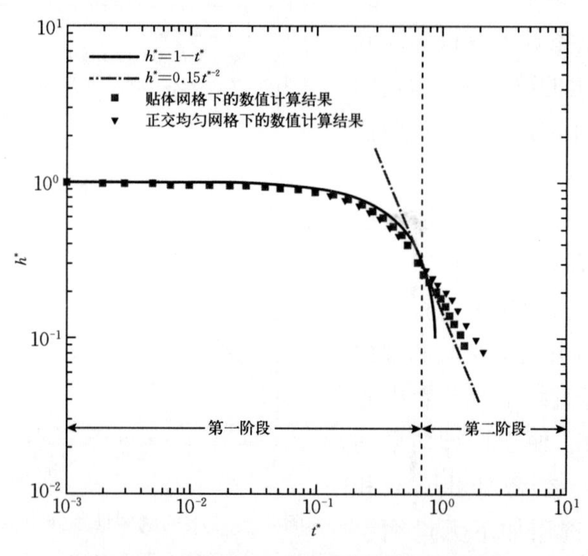

图 5-6　圆柱顶部的液膜厚度随时间的变化

比两相流模型在提升高雷诺数条件下的数值稳定性方面也具有一定优势。

第四节　预膜板唇边厚度对液膜演变的影响

鉴于前人在预膜板唇边厚度对液膜一次破碎过程的影响机制的研究存在争议，本节通过扩大预膜板唇边厚度的变化范围进行验证和分析。在接下来的数值模拟过程中，为了消除预膜板其他结构因素的影响，此处选用与第四章相同的矩形预膜板唇边来进行研究并且仅改变预膜板唇边厚度 H_e 在 25～400 μm 的范围内变化，具体如图 5-7 所示。需要指出的是，上述选定的预膜板唇边厚度变化范围涵盖了 Gepperth 等人[11]和 Inamura 等人[24]在其各自实验中所测试的预膜板唇边厚度值。由于本节考虑的矩形预膜板唇边属于正交结构，所以选用第四章构建的适用于正交均匀网格的 LBM-MRT 大密度比两相流模型作为数值研究工具更为恰当。另外，除了将接触角固定在 $\theta=60°$来保证当前研究和前人[11,24]实验中所使用的预膜板具有相同的表面润湿性以外，其他模拟条件诸如计算域划分、边界设置、初始条件、网格分辨率以及流体参数等皆与第四章的数值研究保持一致。

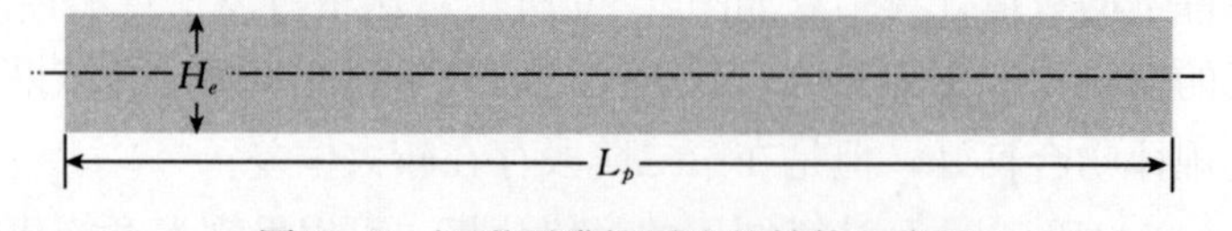

图 5-7　矩形预膜板唇边的结构示意图

不同预膜板唇边厚度下液丝破碎长度 $\overline{L}_b$ 和破碎频率 $\overline{f}_b$ 的数值计算结果如图 5-8 所示，其中 $\overline{L}_b$ 和 $\overline{f}_b$ 的获取步骤与第四章相同，即首先利用连通域标记算法标记液丝形态的动态变化，随后由液丝当量长度随时间的变化曲线统计出相应预膜板唇边厚度下的液丝破

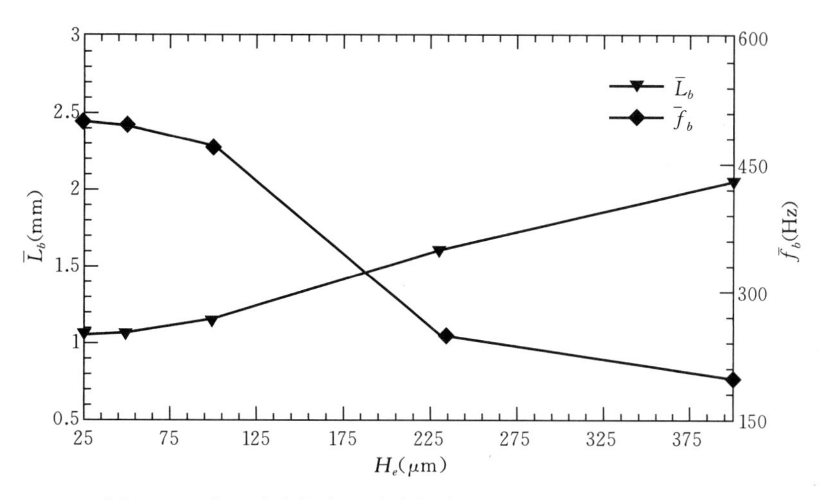

图 5-8　液丝破碎长度和破碎频率随预膜板唇边厚度的变化

碎长度和破碎频率。从图 5-8 中可以观察到，随着预膜板唇边厚度的增加，液丝破碎长度逐渐增大而破碎频率逐渐减小。换言之，减小预膜板唇边厚度有利于提升液膜的一次破碎效果。此外，从图中曲线的变化趋势也可以发现，当预膜板唇边厚度 $H_e \leqslant 100$ μm 时（Inamura 等人[24]），无论是液丝破碎长度还是液丝破碎频率，其变化幅度都较小；而当预膜板唇边厚度 $H_e > 100$ μm 时（Gepperth 等人[11]），液丝破碎长度和破碎频率的变化幅度才明显增大。上述结果阐明了前人关于预膜板唇边厚度对液膜一次破碎过程的影响研究中存在争议的原因，即 Inamura 等人[24] 在实验中所选用预膜板的唇边厚度要远小于 Gepperth 等人[11]。事实上，预膜板唇边厚度对液膜一次破碎过程的影响主要通过改变液膜在预膜板唇边的堆积行为来起作用。如图 5-9 所示，在本节研究条件下，当预膜板唇

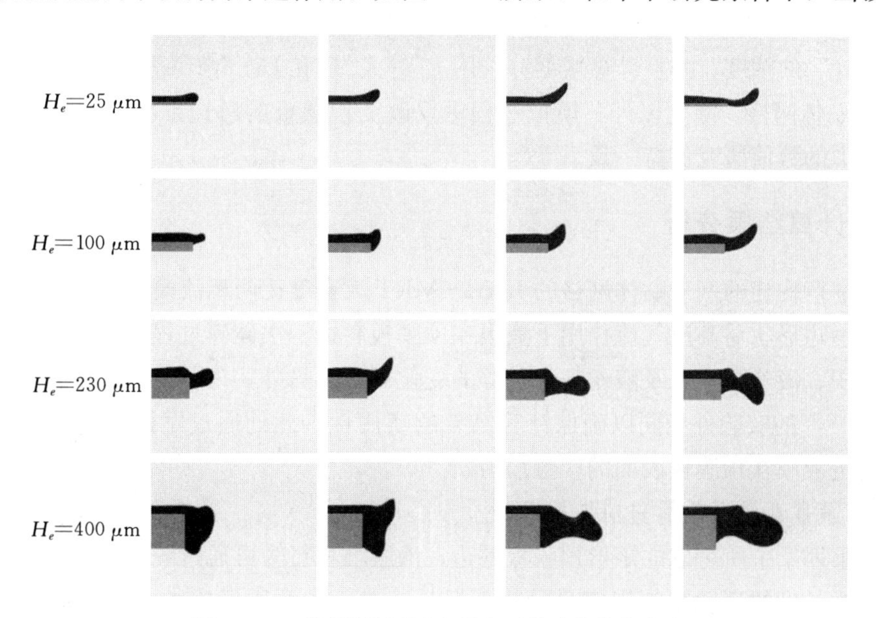

图 5-9　不同预膜板唇边厚度下的液体堆积状态

边厚度 $H_e \leqslant 100\ \mu$m 时，液膜在预膜板唇边的堆积行为并不明显；而当预膜板唇边厚度 $H_e > 100\ \mu$m 时，预膜板唇边才有明显的液膜堆积行为发生。因此，只有当预膜板唇边厚度的变化对液膜在预膜板唇边的堆积行为有显著影响时，液丝破碎长度和破碎频率才会发生大幅变化，这也是造成前人在该研究点存在差异的内在本质。

第五节　预膜板唇边形状对液膜演变的影响

一、问题描述

第四节中关于预膜板唇边厚度对液膜一次破碎过程影响的研究表明，减小预膜板唇边厚度有利于提升液膜的一次破碎效果，因此有理由相信改变预膜板唇边形状使其沿顺流方向呈渐缩式变化，对提升液膜的一次破碎效果将大有裨益。为此，本节设计了 3 种渐缩式预膜板唇边，分别为直角三角形、椭圆形以及等腰三角形，相应的结构尺寸如图 5-10 所示。需要指出的是，这 3 种渐缩式预膜板唇边的前缘厚度以及长度皆与第四章中矩形预膜板唇边相同。后续的数值分析将针对图中的 3 种预膜板唇边形状在液膜一次破碎过程中的影响，从液膜堆积、液丝摆动以及液丝一次破碎 3 个方面与矩形预膜板唇边进行详细的对比分析。由于本节考虑的 3 种渐缩式预膜板唇边属于非正交结构，因此后续的数值模拟选用基于贴体网格的 LBM-MRT 大密度比两相流模型来提高数值计算的精度，并且计算域划分选用 Li 等人[200] 和 Demirdžić等人[201] 在其研究中使用的 C 型贴体网格。除此以外，模拟过程中仅改变预膜板的唇边形状，其他模拟条件均与第四章中的数值研究保持一致。

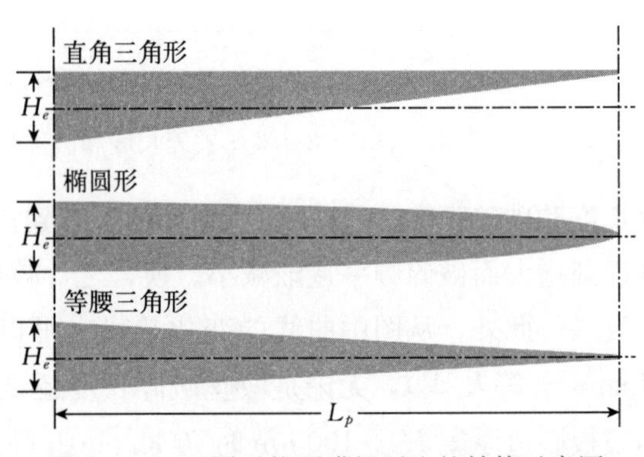

图 5-10　不同形状预膜板唇边的结构示意图

二、计算结果分析

利用本章构建的基于贴体网格的 LBM-MRT 大密度比两相流模型，接下来将继续探讨预膜板唇边形状对高速气流作用下液膜在预膜板唇边一次破碎过程的影响，并且重点分析液膜堆积、液丝摆动以及液丝一次破碎的变化规律。另外，为了使预膜板的表面润湿性与文献中[14,28]的实验件相同以确保计算结果的实用性，此处通过贴体网格下的润湿性处理方法设定液膜在预膜板表面的接触角为 $\theta = 60°$。

（一）液膜在预膜板唇边的堆积

针对第四章中所考虑的矩形预膜板唇边，液膜堆积行为可通过统计图 4-5a 中标注的液膜堆积线长度的变化来加以定量分析。但是，对于本章所考虑的 3 种渐缩式预膜板唇边，该方法则不再适用。为此，这里首先定义了预膜板唇边堆积液膜的平均厚度 h_{avg}，具

体如下

$$h_{avg} = Q_p / L_p \tag{5-14}$$

式中，Q_p 为预膜板唇边的持液量。

至于如何界定预膜板唇边的持液量，本章参考 Holz 等人[20]的研究，以超出预膜板唇边后缘 0.2 mm 的竖直线为界，即 $x \leqslant L_p + 0.2$ mm 范围内的液量皆认定为预膜板唇边的持液量，如图 5-11 所示。随后，通过统计 h_{avg} 随时间的变化趋势即可反映不同预膜板唇边形状下液膜堆积行为的变化规律。

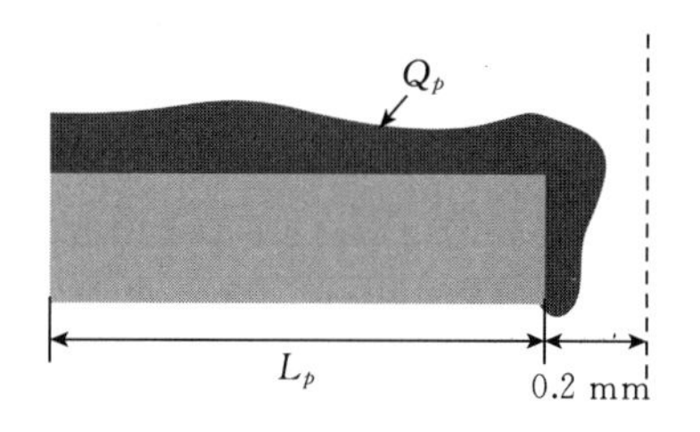

图 5-11　预膜板唇边持液量的示意图

图 5-12 为不同形状预膜板唇边堆积液膜的平均厚度（h_{avg}）随时间的变化曲线。从中可以发现，初始时刻的液膜平均厚度皆为 80 μm。但是，随着堆积在预膜板唇边的液体量逐渐增加，液膜平均厚度开始急速攀升。此外，由于液丝的形成会将堆积在预膜板唇边的液体抽离，因而液膜平均厚度在达到峰值以后会出现一定程度的降低。最终，液膜平均厚度随时间的演化曲线呈现出“波浪”式的周期性变化，并且其总体上维持在高于 80 μm 的水平。关于预膜板唇边形状对液膜堆积行为的影响，可通过对比相应条件下液膜平均厚度的峰值（$\bar{h}_{avg|max}$）和变化频率（$\bar{f}_h$）来进行评估，具体如表 5-1 所示。表中的统计数据表明，与矩形预膜板唇边相比，另外 3 种渐缩式预膜板唇边不利于液膜堆积的发生，因

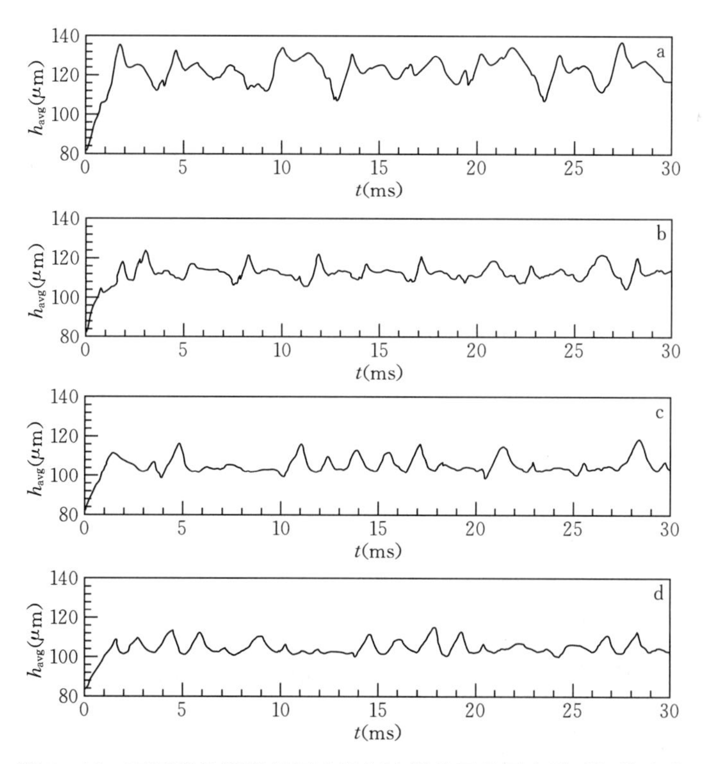

图 5-12　不同形状预膜板唇边堆积液膜的平均厚度随时间的变化

a. 矩形　b. 直角三角形　c. 椭圆形　d. 等腰三角形

而相应条件下液膜平均厚度的峰值更低而变化频率更高。以在矩形预膜板唇边测得的数据为基准，直角三角形、椭圆形和等腰三角形预膜板唇边堆积液膜平均厚度的峰值分别降低了8.3%、13.5%和21.8%，而对应的变化频率则分别增加了49.4%、89.9%和101.2%。换言之，等腰三角形预膜板唇边在弱化液膜堆积行为方面的效果最为显著。

表5-1 不同形状预膜板唇边堆积液膜平均厚度的峰值和变化频率

预膜板唇边形状	$\overline{h}_{avg \mid max}$ (μm)	$\overline{f}_h$ (Hz)
矩形	133	259
直角三角形	122	387
椭圆形	115	492
等腰三角形	104	521

(二) 液丝的形成及其摆动

如图5-13所示，当液膜在预膜板唇边的堆积量达到一定程度以后，由于两侧高速气流的剪切作用，这部分液体会被逐渐拉伸成细长的液丝。与此同时，液丝的形成将堆积在预膜板唇边的液膜抽离，使得图5-12中液膜平均厚度的演化曲线出现波动。此外，因为预膜板近尾迹区内的非稳态流动，所形成的液丝呈现出上下摆动的现象，且其摆动范围受

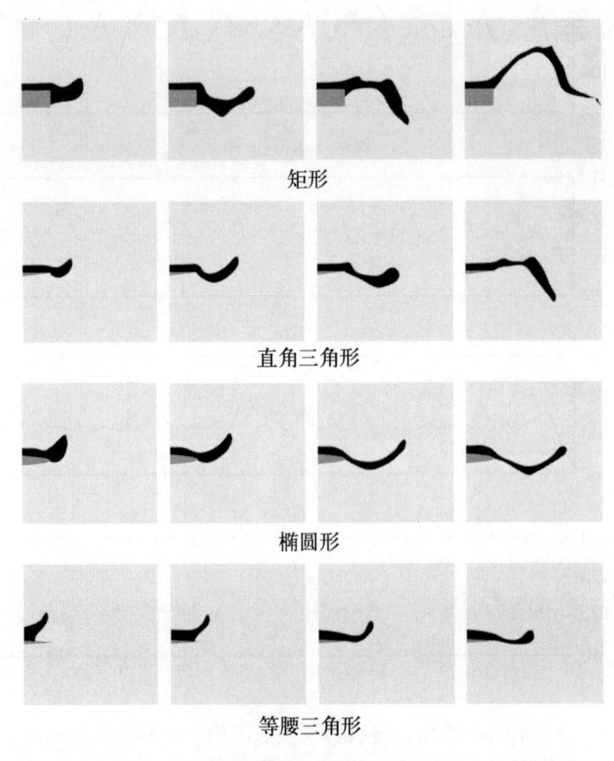

图5-13 不同预膜板唇边形状下液丝的生长及摆动

预膜板唇边形状的影响极大，具体如图 5－14 所示。图中不同预膜板唇边形状下液丝最大摆动范围的获取过程与第四章相同，这里不再赘述。从中可以发现，按照矩形、直角三角形、椭圆形和等腰三角形预膜板唇边的顺序，液丝的最大摆动范围逐渐缩小。究其原因，主要与不同形状预膜板唇边堆积的液体量有关。当预膜板唇边蓄积的可供液丝生长的液量降低，液丝的尺寸必然减小，从而使得其最大摆动范围缩小，该结果与图 5－12 中液膜平均厚度的变化规律一致。至于液丝尺寸随预膜板唇边形状的变化，在后续研究中将作详细的分析。

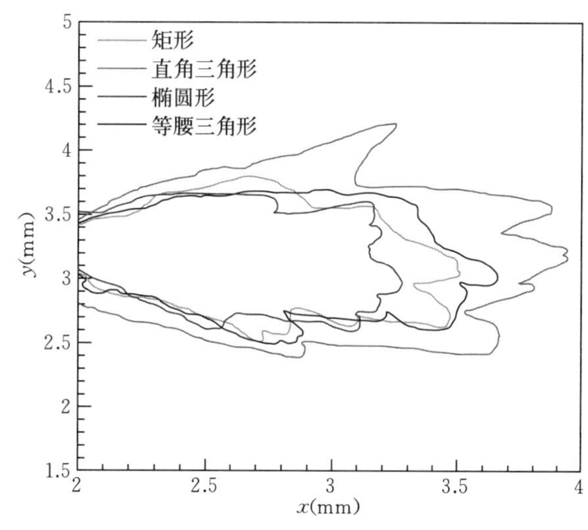

图 5－14　不同预膜板唇边形状下液丝的最大摆动范围

（三）液丝的一次破碎和液滴的形成

接下来分析的是高速气流作用下液膜在预膜板唇边一次破碎过程的第三个阶段，即液丝的一次破碎和液滴的形成。如图 5－15 所示，当液丝在两侧高速气流的剪切作用下被拉伸得足够长，其会在中间或前端发生一次破碎，从而形成游离的液体微团和液滴。这部分脱离预膜板唇边的游离液体微团和液滴将随着同向气流继续向下游运动，进一步破碎成更加细小的液滴。受预膜板唇边形状的影响，液丝发生破碎时的尺寸有很大不同。为了对该影响进行定量分析，本章统计了形状不同的预膜板唇边所形成液丝的当量长度（L_{eq}）随时间的变化，详见图 5－16。观察液丝当量长度的演化曲线，可以发现在不同预膜板唇边形状下，曲线均呈现出“鱼鳍”状的周期性变化趋势。其中，各条曲线的峰值代表的是液丝在发生破碎并从预膜板唇边脱离前所能达到的最大长度，即液丝的破碎长度（$\overline{L}_b$）。此外，由曲线两个相邻波峰间的时间间隔也可计算出液丝当量长度的变化频率，即液丝的破碎频率（$\overline{f}_b$）。

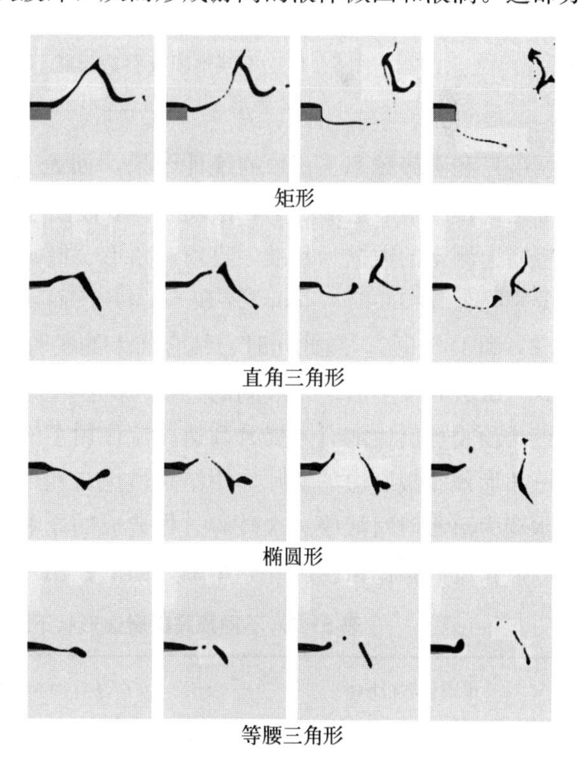

图 5－15　不同预膜板唇边形状下液丝的拉伸和破碎

不同预膜板唇边形状下液丝破碎长

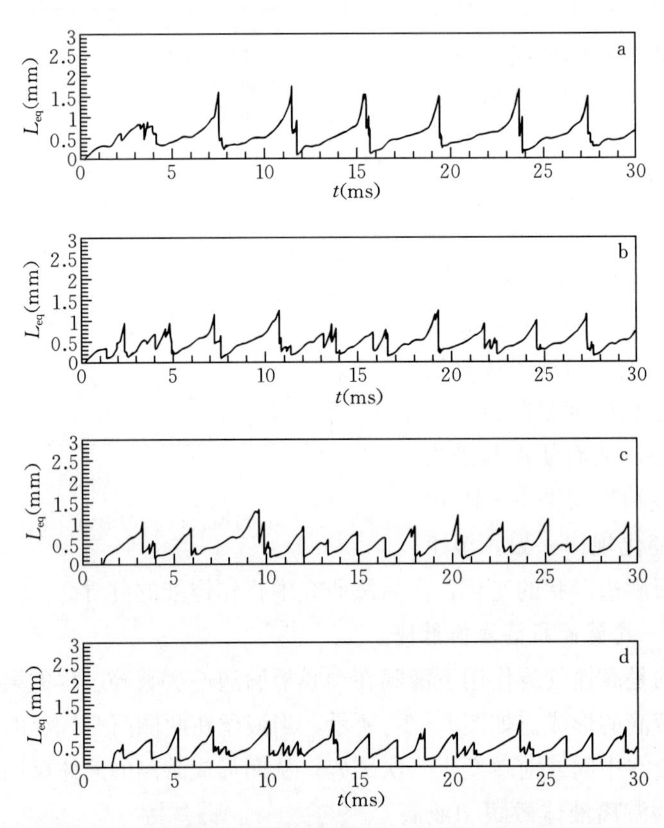

图 5-16　不同预膜板唇边形状下液丝当量长度随时间的变化

a. 矩形　b. 直角三角形　c. 椭圆形　d. 等腰三角形

度（$\overline{L}_b$）和破碎频率（$\overline{f}_b$）的统计结果，如表 5-2 所示。相较于矩形预膜板唇边，在 3 种渐缩式预膜板唇边形状下，液丝破碎长度更小、破碎频率更高。具体而言，以在矩形预膜板唇边测得的数据为基准，直角三角形、椭圆形和等腰三角形预膜板唇边的液丝破碎长度分别降低了 33.5%、45.3%和 54.6%，而对应的液丝破碎频率分别增加了 54.9%、97.2%和 105.5%。与此同时，结合前人的实验和数值研究[11,25]结果，即液丝的破碎长度与其一次破碎发生后产生液滴的 SMD 呈正相关，此处可得出的结论是本章所考虑的 3 种渐缩式预膜板唇边能有效提升高速气流作用下液膜在预膜板唇边的一次破碎效果，而且等腰三角形预膜板唇边的实际作用结果最优。此外，相较于第四章中将预膜板表面润湿性由亲水变为疏水时对液膜一次破碎过程造成的影响，本章通过优化预膜板唇边形状在降低液丝破碎长度和提高液丝破碎频率两方面的作用效果更加显著。

表 5-2　不同预膜板唇边形状下液丝的破碎长度和破碎频率

预膜板唇边形状	$\overline{L}_b$（mm）	$\overline{f}_b$（Hz）
矩形	1.61	251
直角三角形	1.07	389

（续）

预膜板唇边形状	$\bar{L}_b$（mm）	$\bar{f}_b$（Hz）
椭圆形	0.88	495
等腰三角形	0.73	516

上述预膜板唇边形状的改变对液丝破碎长度和破碎频率产生影响的原因主要有两个方面。

第一，具有渐缩式形状的预膜板唇边可有效降低液膜在预膜板唇边的堆积量，图 5 - 12和表 5 - 1 中统计的液膜平均厚度的相关数据可以证明这一点。如此一来，可用于液丝生长的液体量减少，必然会造成液丝破碎长度降低而破碎频率增加。与此同时，由于等腰三角形预膜板唇边在弱化液体堆积方面的效果最优，因此在相应条件下，液丝破碎长度最小、破碎频率最大。

第二，改变预膜板唇边形状对预膜板近尾迹区内的流场影响较大。如图 5 - 17 所示为预膜板近尾迹区内两条具有代表性的位置线（以等腰三角形预膜板唇边为例），其中水平线 $y=H_g+H_e$ 与预膜板上表面的最高点重合，而竖直线 $x=L_p+0.2$ mm 则是开始出现明显液丝特征的位置。图 5 - 18 即为不同预膜板唇边形状下顺流方向时均速度〈U〉沿水平线 $y=H_g+H_e$ 和竖直线 $x=L_p+0.2$ mm 的分布。需要指出的是，由于竖直方向时均速度〈V〉在液丝一次破碎过程中并不占据主导作用，而且预膜板唇边形状的改变对其没有明显影响，所以此处不做分析。对比图 5 - 18 中的速度分布曲线可以发现，按照矩形、直角三角形、椭圆形和等腰三角形预膜板唇边的顺序，沿两条直线分布的顺流方向时均速度逐渐增大，而该速度值越大代表的是气流剪切作用越强，所以在相应条件下液丝更容易发生一次破碎并脱离预膜板唇边。

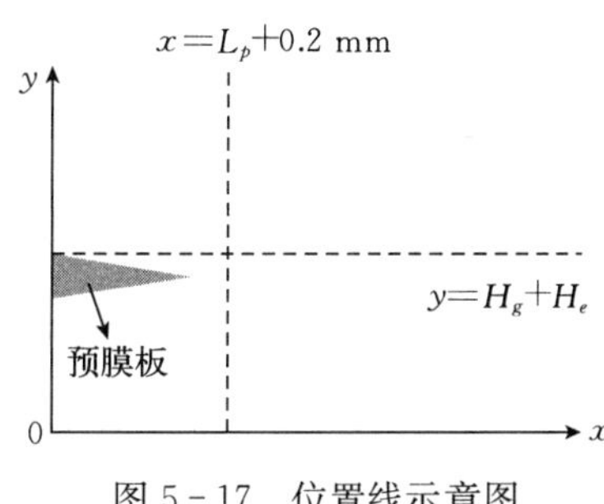

图 5 - 17　位置线示意图

基于以上两方面的阐述，可以确定：本章通过改变预膜板唇边形状对高速气流作用下液膜在预膜板唇边一次破碎效果的提升，是其弱化液膜堆积行为和增强气流剪切作用的共同结果。

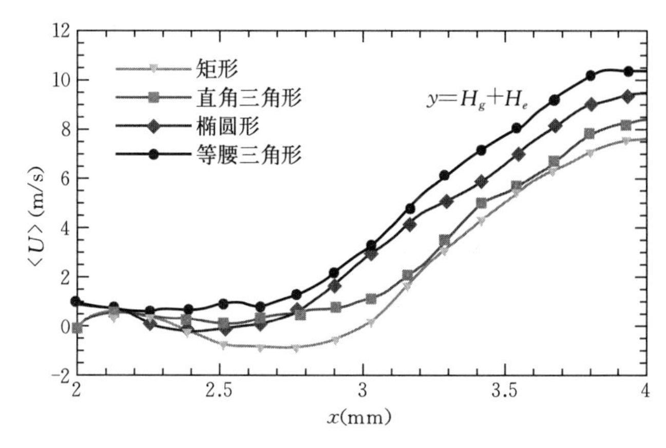

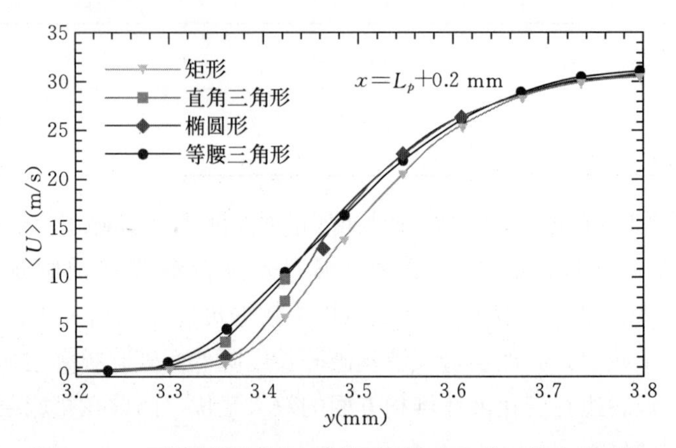

图 5-18　不同预膜板唇边形状下顺流方向的时均速度对比

本 章 小 结

基于平板式预膜空气雾化喷嘴，本章研究了预膜板唇边结构（厚度和形状）对高速气流作用下液膜在预膜板唇边一次破碎过程的影响机制。在当前研究条件下，可得到如下结论。

第一，本章将第三章中适用于正交均匀网格的 LBM-MRT 大密度比两相流模型拓展到贴体网格中，并且提出了与之相匹配的曲面（或斜面）润湿性处理方法。验证结果表明，基于贴体网格的 LBM-MRT 大密度比两相流模型与相应网格条件下的润湿性处理方法相耦合，在涉及非正交结构的问题中具有更优的数值计算精度。本章考虑的渐缩式预膜板唇边属于非正交结构，这部分工作对确保相关研究的准确性具有重要意义。

第二，预膜板唇边厚度对液膜一次破碎过程的影响是通过改变液膜在预膜板唇边的堆积行为来起作用的。由于减小预膜板唇边厚度可弱化液膜在预膜板唇边的堆积行为，并最终导致液丝破碎长度降低而破碎频率增加，因此减小预膜板唇边厚度有利于提升高速气流作用下液膜在预膜板唇边的一次破碎效果。关于前人在该问题中存在的争议，主要是由实验中测试的预膜板唇边厚度的变化范围不同所导致的。

第三，渐缩式预膜板唇边可有效降低其上的液体堆积量，并且提高预膜板近尾迹区内的气流剪切速度，而这两方面的优化是提升高速气流作用下液膜在预膜板唇边一次破碎效果的关键。换言之，本章考虑的 3 种渐缩式预膜板唇边对相应条件下液膜一次破碎效果的提升，是其弱化液膜堆积行为和增强气流剪切作用的共同结果。

第四，相较于改变预膜板表面润湿性（由亲水变为疏水），通过优化预膜板唇边形状使其沿顺流方向呈渐缩式变化，在降低液丝破碎长度和提高液丝破碎频率两方面的作用效果更为显著。

第六章

高效预膜式空气雾化技术研究总结

第一节 研究结果总结

为了适应节能减排的时代需求和日趋严格的航空器适航管理规定，提高航空发动机工作性能以降低燃油消耗和污染物排放是当前航空业可持续发展的共同目标。燃油喷嘴作为航空发动机的重要组成部件，与之密切相关的油气混合特性是决定航空发动机工作性能的关键因素。因为预膜式空气雾化喷嘴在燃油雾化和油气掺混方面优势显著，所以其在面对高性能航空发动机油耗低、排污少、推力大等设计要求时具有广阔的应用前景。预膜式空气雾化喷嘴的一次雾化过程从本质上而言就是高速气流作用下液膜在预膜板唇边的一次破碎过程。但是，目前关于液膜在预膜板唇边的一次破碎机理尚不清晰，针对液膜一次破碎过程中出现的液膜堆积、液丝形成以及液丝一次破碎间耦合规律的分析也亟须开展。为此，本书通过构建适用于当前研究的LBM模型，围绕高速气流作用下液膜在预膜板唇边一次破碎机理进行了系统的数值模拟研究，具体的工作和获得的结论如下。

第一，以完善基于贴体网格的LBM－SRT单相流模型为基础，进一步发展了基于贴体网格的LBM－MRT单相流模型。随后，分别利用这两类模型计算雷诺数在100～1.4×10^5范围内变化的圆柱绕流问题，以此来对LBM中具有代表性的SRT模型和MRT模型进行充分对比和评估。结果表明：①在低雷诺数条件下，SRT模型和MRT模型的数值稳定性和精确性几乎无异；在高雷诺数条件下，MRT模型的数值稳定性和精确性则要明显优于SRT模型；② MRT模型在贴体网格中具有良好的适用性。上述结果为后续构建适用于高雷诺数和大密度比条件下液膜一次破碎过程模拟的LBM两相流模型指明了方向。

第二，以前人提出的单松弛时间相场模型为基础，通过耦合MRT碰撞算子和修正外力源项，构建并验证了基于相场理论的LBM－MRT大密度比两相流模型（适用于正交均匀网格）。随后，根据液膜一次破碎过程中的流体参数特点，利用该模型考察了KH不稳定性和RT不稳定性的演化特点和影响因素。研究结果表明：①本书发展的基于相场理论的LBM－MRT大密度比两相流模型可有效抑制虚假速度的产生，并且在高雷诺数和大密度比条件下具有优良的数值稳定性和准确性；②雷诺数对 KH 不稳定性和 RT 不稳定性演化过程中出现的相界面卷曲变化以及流体间渗透混合具有增益效果，而密度比和黏度比则对此具有抑制作用。另外，在高雷诺数和大密度比条件下，由占据主导地位的惯性力所诱发的开尔文-亥姆霍兹小尺度波动，会使得两种不稳定性演化过程中出现剧烈的相界面拓扑形变。上述研究为后续探讨高速气流作用下液膜在预膜板唇边的一次破碎机理奠定了坚实的模拟方法和理论分析基础。

第三，利用基于相场理论的 LBM－MRT 大密度比两相流模型（适用于正交均匀网格），结合改进的水平壁面润湿性处理方法，对高速气流作用下液膜在预膜板唇边的一次破碎过程进行了系统的数值分析，并且重点探讨了预膜板表面润湿性在该过程中的影响机制。数值计算结果表明：①本书提出的润湿性处理方法可准确再现水平壁面的润湿特性，并且可有效避免因虚假液膜的出现对流体界面动力学行为造成的干扰。② KH 不稳定性会引起液膜表面产生波动，RT 不稳定性则进一步诱发液膜表面波的波峰处形成突起，最终该突起在气流的剪切作用下生长成液丝。另外，液丝在摆动过程中出现的卷曲变化也是 KH 不稳定性作用的结果。③液膜在预膜板唇边的堆积过程以及随后产生液丝的一次破碎过程皆表现出明显的周期性，并且液膜堆积过程与液丝一次破碎过程间存在着紧密的关联性，该关联性主要体现在液膜堆积线长度的变化频率和液丝的破碎频率在不同润湿性条件下保持高度一致。④随着预膜板表面润湿性由亲水变为疏水，堆积在预膜板唇边的液体量逐渐减少，从而使得产生液丝的尺寸和摆动范围缩小，并最终导致液丝破碎长度降低而破碎频率增加。换言之，具有疏水表面的预膜板因其能有效弱化液膜的堆积行为，从而有利于提升高速气流作用下液膜在预膜板唇边的一次破碎效果。

第四，利用基于相场理论的 LBM－MRT 大密度比两相流模型（适用于正交均匀网格），探究了预膜板唇边厚度在液膜一次破碎过程中的影响机制。研究结果表明：①随着矩形预膜板唇边厚度的增加，液丝破碎长度逐渐增大而破碎频率逐渐减小。换言之，减小预膜板唇边厚度有利于提升高速气流作用下液膜在预膜板唇边的一次破碎效果。②预膜板唇边厚度对液膜一次破碎过程的影响主要通过改变液膜在预膜板唇边的堆积行为起作用，因而只有当预膜板唇边厚度的变化对液膜堆积行为有显著影响时，液丝破碎长度和破碎频率才会出现大幅变化。③前人在预膜板唇边厚度影响机制研究中存在的争议，主要是实验中测试的预膜板唇边厚度的变化范围不同所导致。

第五，提出了基于贴体网格的 LBM－MRT 大密度比两相流模型以及与之相匹配的曲面润湿性处理方法，并用其探讨了预膜板唇边形状（存在曲面和斜面）在液膜一次破碎过程中的影响机制。研究结果表明：①本书提出的基于贴体网格的 LBM－MRT 大密度比两相流模型与相应网格条件下的润湿性处理方法相耦合，在涉及曲面等非正交结构的问题中具有更优的数值计算精度。②改变预膜板唇边形状使其沿顺流方向呈渐缩式变化，可有效降低液膜在预膜板唇边的堆积量、提高预膜板近尾迹区内的气流剪切速度，而这两方面的优化是提升液膜一次破碎效果的关键。换言之，本书考虑的 3 种渐缩式预膜板唇边（直角三角形、椭圆形以及等腰三角形）对高速气流作用下液膜在预膜板唇边一次破碎效果的提升，是其弱化液体堆积行为和增强气流剪切作用的共同结果。③相较于将预膜板表面润湿性由亲水变为疏水时对液膜一次破碎过程造成的影响，通过优化预膜板唇边形状使其沿顺流方向呈渐缩式变化，在降低液丝破碎长度和提高液丝破碎频率两方面的作用效果更为显著。

第二节　研究的创新性

第一，根据液膜一次破碎过程的特点，通过耦合 MRT 碰撞算子和修正外力源项，发展了基于相场理论的 LBM - MRT 大密度比两相流模型，并用其探明了雷诺数、密度比以及黏度比对 KH 不稳定性和 RT 不稳定性演化过程的影响规律。

第二，利用基于相场理论的 LBM - MRT 大密度比两相流模型，结合改进的水平壁面润湿性处理方法，探明了高速气流作用下液膜在预膜板唇边一次破碎过程各发展阶段间的耦合规律，阐释了预膜板表面润湿性和唇边厚度在液膜一次破碎过程中的影响机制。

第三，通过发展基于贴体网格的 LBM - MRT 大密度比两相流模型和曲面润湿性处理方法，揭示了预膜板唇边形状在液膜一次破碎过程中的影响机制，确定了优化液膜一次破碎效果的预膜板唇边形状特点。

第三节　应用前景与展望

航空业的运营成本中燃油消耗占据其中的30%，依据国内各大航空公司 2022 年半年报，国航、东航、南航、春秋和吉祥 5 家航空公司的燃油成本分别为 385 亿元、336 亿元、438 亿元、43 亿元和 39 亿元。基于本研究开发的高效预膜式空气喷嘴在提升航空发动机燃烧效率和燃烧稳定性方面的优势，预计可为航空发动机节省 0.25%的燃油消耗，相应的节油效益以上述 5 家航空公司的总和为例，半年内可达 3.1 亿元。另外，本研究构建的高精度精细化雾化仿真模型可极大提升研发效率，进而使相关研究机构的研发成本降低 17%。

本研究支撑开发的高效预膜式空气雾化喷嘴的雾化均匀性更好，污染物排放量更低，而且能更好地适应不同运行工况下航空发动机的燃料雾化要求，因此更符合当前航空发动机油耗低、排污少、推力大的发展趋势。另外，本研究支撑开发的高效预膜式空气雾化喷嘴可应用于车载选择性催化还原（SCR）系统，能够有效降低柴油机的污染物排放。由此可见，通过本研究可加速我国航空业“双碳”目标的达成，提升我国关键机械基础件的自主创新能力，并且可有效支撑河南省汽车和农机产业的可持续发展。

本研究基于平板式预膜空气雾化喷嘴，对高速气流作用下液膜在预膜板唇边的一次破碎机理以及相关影响因素进行了系统的数值分析。但是，由于计算资源有限，目前的计算域仅考虑了包含预膜板唇边结构在内的极小区域。因此，后续将扩大计算域尺寸并在当前模型中耦合亚网格模型，对包括预膜、一次破碎和二次破碎在内的整个雾化过程进行全面研究。当前的研究仅考虑了等温两相流体系统，而在实际预膜式喷嘴雾化过程中，由于空气温度高于燃油温度，油膜在预膜板上会出现一定程度的预蒸发，在后续研究中将进一步发展 LBM 相变模型，对预膜蒸发过程作进一步探究。

参 考 文 献

[1] ICAO. ICAO environmental report 2016：On board a sustainable future [R]. Montreal：International Civil Aviation Organization，2016.

[2] 闫国华，周利敏，张青．基于 LTO 循环的航空发动机颗粒物排放计算方法及应用 [J]. 安全与环境学报，2016（2）：246 - 249.

[3] 甘晓华．航空燃气轮机燃油喷嘴技术 [M]. 北京：国防工业出版社，2006.

[4] Bhayaraju U C. Analysis of liquid sheet breakup and characterisation of plane prefilming and nonprefilming airblast atomizers [D]. Berlin：Technische Universität，2007.

[5] Lefebvre A H，Miller D. The development of an air blast atomizer for gas turbine application [R]. Cranfield：College of Aeronautics Cranfield，1966.

[6] Sattelmayer T，Wittig S. Internal flow effects in prefilming airblast atomizers：Mechanisms of atomization and droplet spectra [J]. Journal of Engineering for Gas Turbines and Power - Transactions of the ASME，1986，108（3）：465 - 472.

[7] Aigner M，Wittig S. Swirl and counterswirl effects in prefilming airblast atomizers [J]. Journal of Engineering for Gas Turbines and Power - Transactions of the ASME，1988，110（1）：105 - 110.

[8] Lefebvre A H. Properties of sprays [J]. Particle & Particle Systems Characterization，1989，6（4）：176 - 186.

[9] Beck J E，Lefebvre A H，Koblish T R. Airblast atomization at conditions of low air velocity [J]. Journal of Propulsion and Power，1991，7（2）：207 - 212.

[10] Gepperth S，Guildenbecher D，Koch R，et al. Pre - filming primary atomization：Experiments and modeling [C]. 23rd European Conference on Liquid Atomization and Spray Systems（ILASS - Europe 2010），Brno，Czech Republic，2010.

[11] Gepperth S，Müller A，Koch R，et al. Ligament and droplet characteristics in prefilming airblast atomization [C]. International Conference on Liquid Atomization and Spray Systems（ICLASS），Heidelberg，Germany，2012.

[12] Lefebvre A H. Airblast atomization [J]. Progress in Energy and Combustion Science，1980，6（3）：233 - 261.

[13] Brandt M，Rachner M，Schmitz G. An experimental and numerical study of kerosine spray evaporation in a premix duct for gas turbine combustors at high pressure [J]. Combustion Science and Technology，1998，138（1 - 6）：313 - 348.

[14] Chaussonnet G，Gepperth S，Holz S，et al. Influence of the ambient pressure on the liquid accumulation and on the primary spray in prefilming airblast atomization [J]. International Journal of Multiphase Flow，2020，125：103229.

[15] 何昌升，刘云鹏，韩宗英，等．平板式预膜喷嘴初次雾化特性试验 [J]. 航空动力学报，2020

(3): 482 - 492.

[16] El - Shanawany M, Lefebvre A H. Airblast atomization: Effect of linear scale on mean drop size [J]. Journal of Energy, 1980, 4 (4): 184 - 189.

[17] Rizk N K, Lefebvre A H. Influence of atomizer design - features on mean drop size [J]. AIAA Journal, 1983, 21 (8): 1139 - 1142.

[18] Gepperth S, Koch R, Bauer H. Analysis and comparison of primary droplet characteristics in the near field of a prefilming airblast atomizer [C]. ASME Turbo Expo 2013: Turbine Technical Conference and Exposition: V01AT04A002 - V01AT04A002, 2013.

[19] Bärow E, Gepperth S, Koch R, et al. Effect of the precessing vortex core on primary atomization [J]. Zeitschrift für Physikalische Chemie, 2015, 229 (6): 909 - 929.

[20] Holz S, Braun S, Chaussonnet G, et al. Close nozzle spray characteristics of a prefilming airblast atomizer [J]. Energies, 2019, 12 (14): 2835.

[21] Chaussonnet G. Modeling of liquid film and breakup phenomena in large - eddy simulations of aeroengines fueled by airblast atomizers [D]. Toulouse: Institut National Polytechnique de Toulouse (INP Toulouse), 2014.

[22] Déjean B, Berthoumieu P, Gajan P. Experimental study on the influence of liquid and air boundary conditions on a planar air - blasted liquid sheet, Part I: Liquid and air thicknesses [J]. International Journal of Multiphase Flow, 2016, 79: 202 - 213.

[23] Déjean B, Berthoumieu P, Gajan P. Experimental study on the influence of liquid and air boundary conditions on a planar air - blasted liquid sheet, Part II: Prefilming zone length [J]. International Journal of Multiphase Flow, 2016, 79: 214 - 224.

[24] Inamura T, Shirota M, Tsushima M, et al. Spray characteristics of prefilming type of airblast atomizer [C]. 12 th Triennial International Annual Conference on Liquid Atomization and Spray Systems (ICLASS), Heidelberg, Germany, 2012.

[25] Koch R, Braun S, Wieth L, et al. Prediction of primary atomization using smoothed particle hydrodynamics [J]. European Journal of Mechanics B - Fluids, 2017, 61: 271 - 278.

[26] 周春丽，程从明，李定凯，等．结构尺寸对预膜式雾化喷嘴雾化特性的影响 [J]. 热力发电，2004, 33 (5): 38 - 39.

[27] Chandrasekhar S. Hydrodynamic and hydromagnetic stability [M]. North Chelmsford: Courier Corporation, 2013.

[28] Rayleigh. Investigation of the character of the equilibrium of an incompressible heavy fluid of variable density [J]. Proceedings of the London Mathematical Society, 1882, 14 (S1): 170 - 177.

[29] Taylor G I. The instability of liquid surfaces when accelerated in a direction perpendicular to their planes. I [J]. Proceedings of the Royal Society of London. Series A. Mathematical and Physical Sciences, 1950, 201 (1065): 192 - 196.

[30] Rayana F B, Cartellier A, Hopfinger E. Assisted atomization of a liquid layer: Investigation of the parameters affecting the mean drop size prediction [C]. Proceedings of the International Conference on Liquid Atomization and Spray Systems (ICLASS), Kyoto, Japan, 2006.

[31] Lasheras J C, Hopfinger E J. Liquid jet instability and atomization in a coaxial gas stream [J].

Annual Review of Fluid Mechanics, 2000, 32 (1): 275 - 308.

[32] Desjardins O, Mccaslin J, Owkes M, et al. Direct numerical and large - eddy simulation of primary atomization in complex geometries [J]. Atomization and Sprays, 2013, 23 (11): 1001 - 1048.

[33] Yoon P H, Drake J F, Lui A T. Theory and simulation of Kelvin - Helmholtz instability in the geomagnetic tail [J]. Journal of Geophysical Research: Space Physics, 1996, 101 (A12): 27327 - 27339.

[34] Kuznetsov E, Lushnikov P. Nonlinear theory of the excitation of waves by a wind due to the Kelvin - Helmholtz instability [J]. Journal of Experimental and Theoretical Physics, 1995, 81 (2): 332 - 340.

[35] Lysak R L, Song Y. Coupling of Kelvin - Helmholtz and current sheet instabilities to the ionosphere: A dynamic theory of auroral spirals [J]. Journal of Geophysical Research: Space Physics, 1996, 101 (A7): 15411 - 15422.

[36] Lin P, Hanratty T. Prediction of the initiation of slugs with linear stability theory [J]. International Journal of Multiphase Flow, 1986, 12 (1): 79 - 98.

[37] Thorpe S. Experiments on the instability of stratified shear flows: Miscible fluids [J]. Journal of Fluid Mechanics, 1971, 46 (2): 299 - 319.

[38] Blaauwgeers R, Eltsov V, Eska G, et al. Shear flow and Kelvin - Helmholtz instability in superfluids [J]. Physical Review Letters, 2002, 89 (15): 155301.

[39] Pozrikidis C, Higdon J J. Nonlinear Kelvin - Helmholtz instability of a finite vortex layer [J]. Journal of Fluid Mechanics, 1985, 157: 225 - 263.

[40] Bau H H. Kelvin - Helmholtz instability for parallel flow in porous media: A linear theory [J]. The Physics of Fluids, 1982, 25 (10): 1719 - 1722.

[41] Atzeni S, Meyer J. The physics of inertial fusion: BeamPlasma interaction, hydrodynamics, hot dense matter [M]. Oxford: Oxford university press, 2004.

[42] Wang L F, Xue C, Ye W H, et al. Destabilizing effect of density gradient on the Kelvin - Helmholtz instability [J]. Physics of Plasmas, 2009, 16 (11): 112104.

[43] Ceniceros H D, Roma A M. Study of the long - time dynamics of a viscous vortex sheet with a fully adaptive nonstiff method [J]. Physics of Fluids, 2004, 16 (12): 4285 - 4318.

[44] Rangel R H, Sirignano W A. Nonlinear growth of Kelvin - Helmholtz instability: Effect of surface tension and density ratio [J]. Physics of Fluids, 1988, 31 (7): 1845 - 1855.

[45] Zhang R Y, He X Y, Doolen G, et al. Surface tension effects on two - dimensional two - phase Kelvin - Helmholtz instabilities [J]. Advances in Water Resources, 2001, 24 (3 - 4): 461 - 478.

[46] Fakhari A, Lee T. Multiple - relaxation - time lattice Boltzmann method for immiscible fluids at high Reynolds numbers [J]. Physical Review E, 2013, 87 (2): 023304.

[47] Fakhari A, Geier M, Lee T. A mass - conserving lattice Boltzmann method with dynamic grid refinement for immiscible two - phase flows [J]. Journal of Computational Physics, 2016, 315: 434 - 457.

[48] 许爱国，张广财，李英骏，等．非平衡与多相复杂系统模拟研究-- Lattice Boltzmann 动理学理论与应用 [J]. 物理学进展，2014，34 (3)：136 - 167.

[49] Gan Y, Xu A, Zhang G, et al. Lattice Boltzmann study on Kelvin - Helmholtz instability: Roles of velocity and density gradients [J]. Physical Review E, 2011, 83 (5 Pt 2): 56704.

[50] Gan Y B, Xu A G, Zhang G C, et al. Nonequilibrium and morphological characterizations of Kelvin - Helmholtz instability in compressible flows [J]. Frontiers of Physics, 2019, 14 (4): 43602.

[51] Lewis D. The instability of liquid surfaces when accelerated in a direction perpendicular to their planes. II [J]. Proceedings of the Royal Society of London. Series A. Mathematical and Physical Sciences, 1950, 202 (1068): 81 - 96.

[52] Birkhoff G. Taylor instability and laminar mixing [R]. Los Alamos: Los Alamos Scientific Laboratory, 1954.

[53] Chandrasekhar S. Hydrodynamic and hydromagnetic stability [M]. North Chelmsford: Courier Corporation, 1981.

[54] Menikoff R, Mjolsness R, Sharp D, et al. Unstable normal mode for Rayleigh - Taylor instability in viscous fluids [J]. The Physics of Fluids, 1977, 20 (12): 2000 - 2004.

[55] Goncharov V N. Analytical model of nonlinear, single - mode, classical Rayleigh - Taylor instability at arbitrary Atwood numbers [J]. Physical Review Letters, 2002, 88 (13): 134502.

[56] Banerjee R, Mandal L, Roy S, et al. Combined effect of viscosity and vorticity on single mode Rayleigh - Taylor instability bubble growth [J]. Physics of Plasmas, 2011, 18 (2): 22109.

[57] Kull H J. Theory of the Rayleigh - Taylor instability [J]. Physics Reports, 1991, 206 (5): 197 - 325.

[58] Haan S W. Onset of nonlinear saturation for Rayleigh - Taylor growth in the presence of a full spectrum of modes [J]. Physical Review A, 1989, 39 (11): 5812.

[59] Jacobs J W, Catton I. Three - dimensional Rayleigh - Taylor instability Part 1: Weakly nonlinear theory [J]. Journal of Fluid Mechanics, 1988, 187: 329 - 352.

[60] Zaleski S, Julien P. Numerical simulation of Rayleigh - Taylor instability for single and multiple salt diapirs [J]. Tectonophysics, 1992, 206 (1 - 2): 55 - 69.

[61] Baker G R, Meiron D I, Orszag S A. Vortex simulations of the Rayleigh - Taylor instability [J]. The Physics of Fluids, 1980, 23 (8): 1485 - 1490.

[62] Dervieux A, Thomasset F. Approximation methods for Navier - Stokes problems [M]. Berlin: Springer, 1980: 145 - 158.

[63] Scorer R S. Experiments on convection of isolated masses of buoyant fluid [J]. Journal of Fluid Mechanics, 1957, 2 (6): 583 - 594.

[64] Waddell J, Niederhaus C, Jacobs J W. Experimental study of Rayleigh - Taylor instability: Low Atwood number liquid systems with single - mode initial perturbations [J]. Physics of Fluids, 2001, 13 (5): 1263 - 1273.

[65] Tryggvason G. Numerical simulations of the Rayleigh - Taylor instability [J]. Journal of Computational Physics, 1988, 75 (2): 253 - 282.

[66] Tryggvason G, Unverdi S O. Computations of three - dimensional Rayleigh - Taylor instability [J]. Physics of Fluids A: Fluid Dynamics, 1990, 2 (5): 656 - 659.

[67] Guermond J L, Quartapelle L. A projection FEM for variable density incompressible flows [J]. Journal of Computational Physics, 2000, 165 (1): 167 - 188.

[68] Wei T, Livescu D. Late - time quadratic growth in single - mode Rayleigh - Taylor instability [J]. Physical Review E, 2012, 86 (4 Pt 2): 46405.

[69] Dimonte G, Youngs D L, Dimits A, et al. A comparative study of the turbulent Rayleigh - Taylor instability using high - resolution three - dimensional numerical simulations: The Alpha - Group collaboration [J]. Physics of Fluids, 2004, 16 (5): 1668 - 1693.

[70] He X Y, Chen S Y, Zhang R Y. A lattice Boltzmann scheme for incompressible multiphase flow and its application in simulation of Rayleigh - Taylor instability [J]. Journal of Computational Physics, 1999, 152 (2): 642 - 663.

[71] He X, Zhang R, Chen S, et al. On the three - dimensional Rayleigh - Taylor instability [J]. Physics of Fluids, 1999, 11 (5): 1143 - 1152.

[72] Clark T T. A numerical study of the statistics of a two - dimensional Rayleigh - Taylor mixing layer [J]. Physics of Fluids, 2003, 15 (8): 2413 - 2423.

[73] Zhang R, He X, Chen S. Interface and surface tension in incompressible lattice Boltzmann multiphase model [J]. Computer Physics Communications, 2000, 129 (1 - 3): 121 - 130.

[74] Jasuja A K, Lefebvre A H. Influence of ambient pressure on drop - size and velocity distributions in dense sprays [J]. Symposium (International) on Combustion, 1994, 25 (1): 345 - 352.

[75] Mingalev S, Inozemtsev A, Gomzikov L, et al. Simulation of primary film atomization in prefilming air - assisted atomizer using Volume - of - Fluid method [J]. Microgravity Science and Technology, 2020, 32 (3): 465 - 476.

[76] Hirt C W, Nichols B D. Volume of Fluid method for the dynamics of free boundaries [J]. Journal of Computational Physics, 1981, 39 (1): 201 - 225.

[77] Chern I L, Glimm J, Mcbryan O, et al. Front tracking for gas dynamics [J]. Journal of Computational Physics, 1986, 62 (1): 83 - 110.

[78] Osher S, Sethian J A. Fronts propagating with curvature - dependent speed: Algorithms based on Hamilton - Jacobi formulations [J]. Journal of Computational Physics, 1988, 79 (1): 12 - 49.

[79] Jacqmin D. Calculation of two - phase Navier - Stokes flows using phase - field modeling [J]. Journal of Computational Physics, 1999, 155 (1): 96 - 127.

[80] Badalassi V, Ceniceros H, Banerjee S. Computation of multiphase systems with phase field models [J]. Journal of Computational Physics, 2003, 190 (2): 371 - 397.

[81] Antanovskii L K. A phase field model of capillarity [J]. Physics of fluids, 1995, 7 (4): 747 - 753.

[82] Qian Y H, Dhumieres D, Lallemand P. Lattice BGK models for Navier - Stokes equation [J]. Europhysics Letters, 1992, 17 (6): 479 - 484.

[83] 郭照立，郑楚光. 格子 Boltzmann 方法的原理及应用 [M]. 北京：科学出版社，2009.

[84] Huang H, Sukop M, Lu X. Multiphase lattice Boltzmann methods: Theory and application [M]. Hoboken: John Wiley & Sons, 2015.

[85] Chen S, Doolen G D. Lattice Boltzmann method for fluid flows [J]. Annual Review of Fluid Mechanics, 2003, 30 (1): 329 - 364.

[86] Cahn J W, Hilliard J E. Free energy of a nonuniform system. I: Interfacial free energy [J]. The Journal of Chemical Physics, 1958, 28 (2): 258 - 267.

[87] Allen S M, Cahn J W. Mechanisms of phase transformations within the miscibility gap of Fe - rich Fe - Al alloys [J]. Acta Metallurgica, 1976, 24 (5): 425 - 437.

[88] Luo L S, Girimaji S S. Theory of the lattice Boltzmann method: Two - fluid model for binary mixtures [J]. Physical Review E, 2003, 67 (3 Pt 2): 36302.

[89] Li Q, Kang Q J, Francois M M, et al. Lattice Boltzmann modeling of boiling heat transfer: The boiling curve and the effects of wettability [J]. International Journal of Heat and Mass Transfer, 2015, 85: 787 - 796.

[90] Dong B, Zhou X, Zhang Y J, et al. Numerical simulation of thermal flow of power - law fluids using lattice Boltzmann method on non - orthogonal grids [J]. International Journal of Heat and Mass Transfer, 2018, 126: 293 - 305.

[91] Zhou X, Dong B, Li W. Phase - field - based LBM analysis of KHI and RTI in wide ranges of density ratio, viscosity ratio, and reynolds number [J]. International Journal of Aerospace Engineering, 2020, 2020: 8885226.

[92] 梁宏．复杂微通道内多相流体流动的格子 Boltzmann 方法研究 [D]. 武汉：华中科技大学，2015.

[93] Succi S. The lattice Boltzmann equation for fluid dynamics and beyond [M]. Oxford: Oxford university press, 2001.

[94] Nourgaliev R R, Dinh T N, Theofanous T G, et al. The lattice Boltzmann equation method: Theoretical interpretation, numerics and implications [J]. International Journal of Multiphase Flow, 2003, 29 (1): 117 - 169.

[95] Gunstensen A K, Rothman D H, Zaleski S, et al. Lattice Boltzmann model of immiscible fluids [J]. Physical Review A, 1991, 43 (8): 4320.

[96] Shan X, Chen H. Lattice Boltzmann model for simulating flows with multiple phases and components [J]. Physical Review E, 1993, 47 (3): 1815.

[97] Shan X, Chen H. Simulation of nonideal gases and liquid - gas phase transitions by the lattice Boltzmann equation [J]. Physical Review E, 1994, 49 (4): 2941 - 2948.

[98] Swift M R, Osborn W R, Yeomans J M. Lattice Boltzmann simulation of non - ideal fluids [J]. Physical Review Letters, 1995, 75 (5): 830 - 833.

[99] Swift M R, Orlandini E, Osborn W R, et al. Lattice Boltzmann simulations of liquid - gas and binary fluid systems [J]. Physical Review E, 1996, 54 (5): 5041 - 5052.

[100] Liang H, Shi B C, Guo Z L, et al. Phase - field - based multiple - relaxation - time lattice Boltzmann model for incompressible multiphase flows [J]. Physical Review E, 2014, 89 (5): 53320.

[101] Zheng H W, Shu C, Chew Y T. A lattice Boltzmann model for multiphase flows with large density ratio [J]. Journal of Computational Physics, 2006, 218 (1): 353 - 371.

[102] Inamuro T, Ogata T, Tajima S, et al. A lattice Boltzmann method for incompressible two - phase flows with large density differences [J]. Journal of Computational Physics, 2004, 198 (2): 628 - 644.

[103] Yuan P, Schaefer L. Equations of state in a lattice Boltzmann model [J]. Physics of Fluids, 2006, 18 (4): 42101.

[104] Li Q, Luo K H, Li X J. Lattice Boltzmann modeling of multiphase flows at large density ratio with an improved pseudopotential model [J]. Physical Review E, 2013, 87 (5): 53301.

[105] Ba Y, Liu H, Li Q, et al. Multiple - relaxation - time color - gradient lattice Boltzmann model for

simulating two - phase flows with high density ratio [J]. Physical Review E, 2016, 94 (2 - 1): 23310.

[106] Lee T, Lin C L. A stable discretization of the lattice Boltzmann equation for simulation of incompressible two - phase flows at high density ratio [J]. Journal of Computational Physics, 2005, 206 (1): 16 - 47.

[107] Lee T, Liu L. Lattice Boltzmann simulations of micron - scale drop impact on dry surfaces [J]. Journal of Computational Physics, 2010, 229 (20): 8045 - 8062.

[108] Lou Q, Guo Z, Shi B. Effects of force discretization on mass conservation in lattice Boltzmann equation for two - phase flows [J]. Europhysics Letters, 2012, 99 (6): 64005.

[109] Fakhari A, Bolster D. Diffuse interface modeling of three - phase contact line dynamics on curved boundaries: A lattice Boltzmann model for large density and viscosity ratios [J]. Journal of Computational Physics, 2017, 334: 620 - 638.

[110] Chiu P H, Lin Y T. A conservative phase field method for solving incompressible two - phase flows [J]. Journal of Computational Physics, 2011, 230 (1): 185 - 204.

[111] Geier M, Fakhari A, Lee T. Conservative phase - field lattice Boltzmann model for interface tracking equation [J]. Physical Review E, 2015, 91 (6): 63309.

[112] Hardy J, Pomeau Y, De Pazzis O. Time evolution of a two - dimensional classical lattice system [J]. Physical Review Letters, 1973, 31 (5): 276.

[113] Hardy J, Pomeau Y, De Pazzis O. Time evolution of a two - dimensional model system. I: Invariant states and time correlation functions [J]. Journal of Mathematical Physics, 1973, 14 (12): 1746 - 1759.

[114] Bhatnagar P L, Gross E P, Krook M. A model for collision processes in gases. I: Small amplitude processes in charged and neutral one - component systems [J]. Physical Review, 1954, 94 (3): 511.

[115] Sterling J D, Chen S Y. Stability analysis of lattice Boltzmann methods [J]. Journal of Computational Physics, 1996, 123 (1): 196 - 206.

[116] Lallemand P, Luo L S. Theory of the lattice boltzmann method: Dispersion, dissipation, isotropy, galilean invariance, and stability [J]. Physical Review E, 2000, 61 (6 Pt A): 6546 - 6562.

[117] Filippova O, Hänel D. Grid refinement for lattice - BGK models [J]. Journal of Computational Physics, 1998, 147 (1): 219 - 228.

[118] Mei R, Shyy W, Yu D, et al. Lattice Boltzmann method for 3 - D flows with curved boundary [J]. Journal of Computational Physics, 2000, 161 (2): 680 - 699.

[119] Kao P H, Yang R J. An investigation into curved and moving boundary treatments in the lattice Boltzmann method [J]. Journal of Computational Physics, 2008, 227 (11): 5671 - 5690.

[120] Reider M B, Sterling J D. Accuracy of discrete - velocity BGK models for the simulation of the incompressible Navier - Stokes equations [J]. Computers & Fluids, 1995, 24 (4): 459 - 467.

[121] Düster A, Demkowicz L, Rank E. High - order finite elements applied to the discrete Boltzmann equation [J]. International Journal for Numerical Methods in Engineering, 2010, 67 (8): 1094 - 1121.

[122] Xi H, Peng G, Chou S H. Finite - volume lattice Boltzmann method [J]. Physical Review E, 1999, 59 (5 Pt B): 6202 - 5.

[123] He X Y, Doolen G D. Lattice Boltzmann method on a curvilinear coordinate system: Vortex shedding behind a circular cylinder [J]. Physical Review E, 1997, 56 (1): 434 - 440.

[124] Hortmann M, Perić M, Scheuerer G. Finite volume multigrid prediction of laminar natural convection: Benchmark solutions [J]. International Journal for Numerical Methods in Fluids, 1990, 11 (2): 189 - 207.

[125] Imamura T, Suzuki K, Nakamura T, et al. Acceleration of steady - state lattice Boltzmann simulations on non - uniform mesh using local time step method [J]. Journal of Computational Physics, 2005, 202 (2): 645 - 663.

[126] Imamura T, Suzuki K, Nakamura T, et al. Flow Simulation around an airfoil by lattice Boltzmann method on generalized coordinates [J]. AIAA Journal, 2015, 43 (9): 1968 - 1973.

[127] Karabelas S. Large eddy simulation of high - Reynolds number flow past a rotating cylinder [J]. International Journal of Heat and Fluid Flow, 2010, 31 (4): 518 - 527.

[128] Stiebler M, Krafczyk M, Freudiger S, et al. Lattice Boltzmann large eddy simulation of subcritical flows around a sphere on non - uniform grids [J]. Computers & Mathematics with Applications, 2011, 61 (12): 3475 - 3484.

[129] Guo Z, Shi B, Zheng C. A coupled lattice BGK model for the Boussinesq equations [J]. International Journal for Numerical Methods in Fluids, 2002, 39 (4): 325 - 342.

[130] Guo Z, Zheng C, Shi B. Non - equilibrium extrapolation method for velocity and pressure boundary conditions in the lattice Boltzmann method [J]. Chinese Physics, 2002, 11 (4): 366 - 374.

[131] 董波，李维仲，冯玉静，等．幂律流体圆柱绕流的格子波尔兹曼模拟 [J]. 力学学报，2014，46 (1): 44 - 53.

[132] Zhou X, Dong B, Chen C, et al. A thermal LBM - LES model in body - fitted coordinates: Flow and heat transfer around a circular cylinder in a wide Reynolds number range [J]. International Journal of Heat and Fluid Flow, 2019, 77: 113 - 121.

[133] He X, Doolen G D. Lattice Boltzmann method on a curvilinear coordinate system: Vortex shedding behind a circular cylinder [J]. Physical Review E, 1997, 56 (1): 434 - 440.

[134] He X Y, Doolen G. Lattice Boltzmann method on curvilinear coordinates system: Flow around a circular cylinder [J]. Journal of Computational Physics, 1997, 134 (2): 306 - 315.

[135] Jordan S K, Fromm J E. Oscillatory drag, lift, and torque on a circular cylinder in a uniform flow [J]. Physics of Fluids, 1972, 15 (3): 371 - 376.

[136] Dong B, Li W, Feng Y, et al. Lattice Boltzmann simulation of a power - law fluid past a Circular cylinder [J]. Chinese Journal of Theoretical & Applied Mechanics, 2014, 46 (1): 44 - 53.

[137] Fredsoe J, Sumer B M. Hydrodynamics around cylindrical structures [M]. Singapore: World Scientific, 1997.

[138] Smagorinsky J. General circulation experiments with the primitive equations [J]. Monthly Weather Review, 1963, 91 (3): 99 - 164.

[139] Hou S, Sterling J, Chen S, et al. A lattice Boltzmann subgrid model for high Reynolds number flows [J]. Fields Institute Communications, 2012, 6 (13): 151.

[140] Chang S C, Yang Y T, Chen C O, et al. Application of the lattice Boltzmann method combined

with large - eddy simulations to turbulent convective heat transfer [J]. International Journal of Heat and Mass Transfer, 2013, 66: 338 - 348.

[141] Breuer M. A challenging test case for large eddy simulation: High Reynolds number circular cylinder flow [J]. International Journal of Heat and Fluid Flow, 2000, 21 (5): 648 - 654.

[142] Wieselsberger C, Betz A, Prandtl L. Versuche über den Widerstand gerundeter und kantiger Körper [J]. Ergebinisse AVA Göttingen II Lieferung, 1923, 31 (5): 34 - 37.

[143] Achenbach E. Distribution of local pressure and skin friction around a circular cylinder in cross - flow up to $Re=5\times106$ [J]. Journal of Fluid Mechanics, 1968, 34 (4): 625 - 639.

[144] Son J S, Hanratty T J. Velocity gradients at the wall for flow around a cylinder at Reynolds numbers from 5×10^3 to 10^5 [J]. Journal of Fluid Mechanics, 2006, 35 (2): 353 - 368.

[145] Zdravkovich M M. Flow around circular cylinders [J]. Fundamentals, 1997, 1 (1): 216.

[146] Fey U, König M, Eckelmann H. A new Strouhal - Reynolds - number relationship for the circular cylinder in the range $47<Re<2\times10^5$ [J]. Physics of Fluids, 1998, 10 (7): 1547 - 1549.

[147] Cantwell B, Coles D. An experimental study of entrainment and transport in the turbulent near wake of a circular cylinder [J]. Physics of Fluids, 1983, 136 (8): 47.

[148] Fakhari A, Rahimian M H. Phase - field modeling by the method of lattice Boltzmann equations [J]. Physical Review E, 2010, 81 (3 Pt 2): 36707.

[149] Dinesh K E, Sannasiraj S A, Sundar V. Phase field lattice Boltzmann model for air - water two phase flows [J]. Physics of Fluids, 2019, 31 (7): 72103.

[150] Zu Y Q, He S. Phase - field - based lattice Boltzmann model for incompressible binary fluid systems with density and viscosity contrasts [J]. Physical Review E, 2013, 87 (4): 43301.

[151] Yan Y Y, Zu Y Q. A lattice Boltzmann method for incompressible two - phase flows on partial wetting surface with large density ratio [J]. Journal of Computational Physics, 2007, 227 (1): 763 - 775.

[152] Liang H, Xu J, Chen J, et al. Phase - field - based lattice Boltzmann modeling of large - density - ratio two - phase flows [J]. Physical Review E, 2018, 97 (3 - 1): 33309.

[153] Fakhari A, Mitchell T, Leonardi C, et al. Improved locality of the phase - field lattice - Boltzmann model for immiscible fluids at high density ratios [J]. Physical Review E, 2017, 96 (5 - 1): 53301.

[154] Wang H L, Chai Z H, Shi B C, et al. Comparative study of the lattice Boltzmann models for Allen - Cahn and Cahn - Hilliard equations [J]. Physical Review E, 2016, 94 (3 - 1): 33304.

[155] Liang H, Liu H, Chai Z, et al. Lattice Boltzmann method for contact - line motion of binary fluids with high density ratio [J]. Physical Review E, 2019, 99 (6): 63306.

[156] Zhang M, Zhao W, Lin P. Lattice Boltzmann method for general convection - diffusion equations: MRT model and boundary schemes [J]. Journal of Computational Physics, 2019, 389: 147 - 163.

[157] Kim J. A continuous surface tension force formulation for diffuse - interface models [J]. Journal of Computational Physics, 2005, 204 (2): 784 - 804.

[158] Liang H, Shi B C, Chai Z H. Lattice Boltzmann modeling of three - phase incompressible flows [J]. Physical Review E, 2016, 93 (1): 13308.

[159] Li Q, Luo K H, Gao Y J, et al. Additional interfacial force in lattice Boltzmann models for

incompressible multiphase flows [J]. Physical Review E, 2012, 85 (2 Pt 2): 026704.

[160] He X, Chen S, Zhang R. A Lattice Boltzmann Scheme for Incompressible Multiphase Flow and Its Application in Simulation of Rayleigh - Taylor Instability [J]. Journal of Computational Physics, 1999, 152 (2): 642 - 663.

[161] Lee T, Liu L. Lattice Boltzmann simulations of micron - scale drop impact on dry surfaces [J]. Journal of Computational Physics, 2010, 229 (20): 8045 - 8063.

[162] Chai Z H, Sun D K, Wang H L, et al. A comparative study of local and nonlocal Allen - Cahn equations with mass conservation [J]. International Journal of Heat and Mass Transfer, 2018, 122: 631 - 642.

[163] Krasny R. A study of singularity formation in a vortex sheet by the point - vortex approximation [J]. Journal of Fluid Mechanics, 1986, 167: 65 - 93.

[164] Hou T Y, Lowengrub J S, Shelley M J. The long - time motion of vortex sheets with surface tension [J]. Physics of Fluids, 1997, 9 (7): 1933 - 1954.

[165] Yang X L, Zhang X, Li Z L, et al. A smoothing technique for discrete delta functions with application to immersed boundary method in moving boundary simulations [J]. Journal of Computational Physics, 2009, 228 (20): 7821 - 7836.

[166] Ladd A J. Numerical simulations of particulate suspensions via a discretized Boltzmann equation. Part 1: Theoretical foundation [J]. Journal of fluid mechanics, 1994, 271: 285 - 309.

[167] Zhang T, Shi B, Guo Z, et al. General bounce - back scheme for concentration boundary condition in the lattice - Boltzmann method [J]. Physical Review E, 2012, 85 (1 Pt 2): 16701.

[168] Amirshaghaghi H, Rahimian M H, Safari H. Application of a two phase lattice Boltzmann model in simulation of free surface jet impingement heat transfer [J]. International Communications in Heat and Mass Transfer, 2016, 75: 282 - 294.

[169] Tauber W, Unverdi S O, Tryggvason G. The nonlinear behavior of a sheared immiscible fluid interface [J]. Physics of Fluids, 2002, 14 (8): 2871 - 2885.

[170] Amirshaghaghi H, Rahimian M H, Safari H, et al. Large eddy simulation of liquid sheet breakup using a two - phase lattice Boltzmann method [J]. Computers & Fluids, 2018, 160: 93 - 107.

[171] He X, Zou Q, Luo L S, et al. Analytic solutions of simple flows and analysis of nonslip boundary conditions for the lattice Boltzmann BGK model [J]. Journal of Statistical Physics, 1997, 87 (1 - 2): 115 - 136.

[172] Ziegler D P. Boundary conditions for lattice Boltzmann simulations [J]. Journal of Statistical Physics, 1993, 71 (5 - 6): 1171 - 1177.

[173] Schott B, Rasthofer U, Gravemeier V, et al. A face - oriented stabilized Nitsche - type extended variational multiscale method for incompressible two - phase flow [J]. International Journal for Numerical Methods in Engineering, 2015, 104 (7): 721 - 748.

[174] Hamzehloo A, Aleiferis P G. LES and RANS modelling of under - expanded jets with application to gaseous fuel direct injection for advanced propulsion systems [J]. International Journal of Heat and Fluid Flow, 2019, 76: 309 - 334.

[175] Braun S, Wieth L, Holz S, et al. Numerical prediction of air - assisted primary atomization using

Smoothed Particle Hydrodynamics [J]. International Journal of Multiphase Flow, 2019, 114: 303 - 315.
[176] Alber I E. Turbulent wake of a thin, flat plate [J]. AIAA journal, 1980, 18 (9): 1044 - 1051.
[177] Odier N, Balarac G, Corre C, et al. Numerical study of a flapping liquid sheet sheared by a high - speed stream [J]. International Journal of Multiphase Flow, 2015, 77: 196 - 208.
[178] Couderc F, Estivalezes J. Direct numerical simulation of plane liquid sheet atomization: A parametric study [J]. ILASS America Los Angeles, 2005, 27 (8): 147 - 150.
[179] White F M, Corfield I. Viscous fluid flow [M]. New York: McGraw - Hill, 2006.
[180] Lou Q, Guo Z, Shi B. Evaluation of outflow boundary conditions for two - phase lattice Boltzmann equation [J]. Physical Review E, 2013, 87 (6): 63301.
[181] Jacqmin D. Contact - line dynamics of a diffuse fluid interface [J]. Journal of Fluid Mechanics, 2000, 402: 57 - 88.
[182] Ding H, Spelt P D M. Wetting condition in diffuse interface simulations of contact line motion [J]. Physical Review E, 2007, 75 (4): 46708.
[183] Briant A. Lattice Boltzmann simulations of contact line motion in a liquid - gas system [J]. Philosophical Transactions of the Royal Society of London. Series A: Mathematical, Physical and Engineering Sciences, 2002, 360 (1792): 485 - 495.
[184] Briant A, Wagner A, Yeomans J. Lattice Boltzmann simulations of contact line motion. I: Liquid - gas systems [J]. Physical Review E, 2004, 69 (3): 031602.
[185] Lee T, Liu L. Wall boundary conditions in the lattice Boltzmann equation method for nonideal gases [J]. Physical Review E, 2008, 78 (1): 017702.
[186] Chaussonnet G, Riber E, Vermorel O, et al. Large Eddy Simulation of a prefilming airblast atomizer [C]. International Conference on Liquid Atomization and Spray Systems (ILASS), Chania, Greece, 2013.
[187] Gepperth S, Bärow E, Koch R, et al. Primary atomization of prefilming airblast nozzles: Experimental studies using advanced image processing techniques [C]. 26th Annual Conference on Liquid Atomization and Spray Systems (ILASS Europe), Bremen, Germany, 2014.
[188] Wu K, Otoo E, Suzuki K. Optimizing two - pass connected - component labeling algorithms [J]. Pattern Analysis and Applications, 2009, 12 (2): 117 - 135.
[189] He L, Chao Y, Suzuki K, et al. Fast connected - component labeling [J]. Pattern Recognition, 2009, 42 (9): 1977 - 1987.
[190] He L, Chao Y, Suzuki K. A run - based one - and - a - half - scan connected - component labeling algorithm [J]. International Journal of Pattern Recognition and Artificial Intelligence, 2010, 24 (4): 557 - 579.
[191] Edwards C, Rudoff R. Structure of a swirl - stabilized spray flame by imaging, laser doppler velocimetry, and phase doppler anemometry [J]. Symposium (International) on Combustion, 1991, 23 (1): 1353 - 1359.
[192] Santangelo P E. Characterization of high - pressure water - mist sprays: Experimental analysis of droplet size and dispersion [J]. Experimental Thermal and Fluid Science, 2010, 34 (8): 1353 - 1366.
[193] Jermy M, Greenhalgh D. Planar dropsizing by elastic and fluorescence scattering in sprays too dense

for phase Doppler measurement [J]. Applied Physics B, 2000, 71 (5): 703 - 710.

[194] Tao W Q. Numerical heat transfer (the Second Edition) [M]. Xi'an: Xi'an Jiaotong University Press, 2001.

[195] Bonn D, Eggers J, Indekeu J, et al. Wetting and spreading [J]. Reviews of Modern Physics, 2009, 81 (2): 739.

[196] Yuan Y, Lee T R. Contact angle and wetting properties, surface science techniques [M]. Berlin: Springer, 2013.

[197] Lunkad S F, Buwa V V, Nigam K D P. Numerical simulations of drop impact and spreading on horizontal and inclined surfaces [J]. Chemical Engineering Science, 2007, 62 (24): 7214 - 7224.

[198] Carroll B J. The equilibrium of liquid drops on smooth and rough circular cylinders [J]. Journal of Colloid and Interface Science, 1984, 97 (1): 195 - 200.

[199] Bakshi S, Roisman I V, Tropea C. Investigations on the impact of a drop onto a small spherical target [J]. Physics of Fluids, 2007, 19 (3): 032102.

[200] Li W Z, Dong B, Feng Y J, et al. Numerical Simulation of a Single Bubble Sliding over a Curved Surface and Rising Process by the Lattice Boltzmann Method [J]. Numerical Heat Transfer Part B-Fundamentals, 2014, 65 (2): 174 - 193.

[201] Demirdžić I, Lilek Ž, Perić M. Fluid flow and heat transfer test problems for non-orthogonal grids: Benchmark solutions [J]. International Journal for Numerical Methods in Fluids, 1992, 15 (3): 329 - 354.

附录A 格子单位和物理单位间的转换

在本书采用的格子 Boltzmann 方法中，相关计算参数的单位通常都是格子单位（lattice units）。为了便于读者对本书的数值计算结果有更加直观、清晰的认识，此处将基于无量纲化的方法给出实际物理单位（physical units）与格子单位间的转换步骤，其基本思想是先确定用于单位转换的特征长度 L_0、特征时间 t_0 以及特征质量 m_0，随后再由特征量确定其他相关参数的单位转换关系，具体如下。

（1）通过网格无关性分析确定所研究物理问题中需要的网格数量 $NX \times NY$，接着根据对应的实际计算域的尺寸 $L'_x \times L'_y$ 计算出具有实际物理单位的网格分辨率 dx'，即

$$dx' = \frac{L'_x}{NX} \tag{A-1}$$

由于具有格子单位的网格分辨率 dx 等于 1，因此可获得特征长度 L_0（m）为

$$L_0 = \frac{dx'}{dx} = \frac{L'_x}{NX} \tag{A-2}$$

（2）特征时间的确定方法有 2 种：一种是根据速度间的关系，另一种是根据运动黏度间的关系。本书推荐前者，因为后者存在一定的不确定性。对于不可压缩流体系统，马赫数通常要求小于 0.1，即 $Ma = u/c_s < 0.1$。由此可获得具有格子单位的流场速度 u，联系对应的实际流场速度 u'，则特征时间有 t_0（s）：

$$t_0 = \frac{uL_0}{u'} \tag{A-3}$$

（3）在已知实际流体密度 ρ' 的前提下，若设定对应格子单位的流体密度为 ρ，则特征质量 m_0（kg）确定如下

$$m_0 = \frac{\rho' L_0^3}{\rho} \tag{A-4}$$

通常格子单位的流体密度 ρ 可设定与实际流体密度 ρ' 相同。

（4）当通过上述步骤计算出特征长度 L_0、特征时间 t_0 以及特征质量 m_0 以后，流体系统相关参数的转换关系可随之确定，具体见附表 1。

附表 1 格子单位和物理单位间的转换

物理量	格子单位	物理单位	转换关系
长度	L	L'（m）	$L' = L \cdot L_0$
时间	t	t'（s）	$t' = t \cdot t_0$
格子长度	dx	dx'（m）	$dx' = dx' \cdot L_0$

（续）

物理量	格子单位	物理单位	转换关系
时间步长	δt	$\delta t'$（s）	$\delta t'=\delta t \cdot t_0$
格子速度	$\boldsymbol{e}_i$	$\boldsymbol{e}'_i$（m/s）	$\boldsymbol{e}'_i=\frac{\boldsymbol{e}_i \cdot L_0}{t_0}$
密度	ρ	ρ'（kg/m^3）	$\rho'=\frac{\rho \cdot m_0}{L_0^3}$
动力黏度	μ	μ'［kg/(m·s)］	$\mu'=\frac{\mu \cdot m_0}{L_0 \cdot t_0}$
运动黏度	ν	ν'（m^2/s）	$\nu'=\frac{\nu \cdot L_0^2}{t_0}$
速度	$\boldsymbol{u}$	$\boldsymbol{u}'$（m/s）	$\boldsymbol{u}'=\frac{\boldsymbol{u} \cdot L_0}{t_0}$
重力加速度	g	g'（m/s^2）	$g'=\frac{g \cdot L_0}{t_0^2}$
压力	p	p'（Pa）	$p'=\frac{p \cdot m_0}{L_0 \cdot t_0^2}$
外力	F	F'（N）	$F'=\frac{F \cdot m_0 \cdot L_0}{t_0^2}$
表面张力系数	σ	σ'（kg/s^2）	$\sigma'=\frac{\sigma \cdot m_0}{t_0^2}$

附录 B 基于相场理论的 LBM 两相流模型源程序

本书第三章第三节中利用拉普拉斯定律（Laplace law）对所提出的基于相场理论的 LBM 两相流模型进行了初步验证。本附录针对该问题给出了相应的计算源代码，读者可通过改变初始条件、边界条件等，来计算其他两相流物理问题。本程序采用 C 语言编写，支持运行平台为 Microsoft Visual Studio，具体如下。

global.h:

```
#include "math.h"
#include "stdio.h"
#include "stdlib.h"
typedef struct pdf_struct //definition of distribution functions
{
   double feq[9];
   double f[9];
   double ff[9];
   double geq[9];
   double g[9];
   double gg[9];
} PDF;
typedef struct ftempt_struct
{
   double f[9];
   double g[9];
} FTEMPT;
typedef struct macro_vars_struct //definition of macroscopic quantity
{
   double phi;double phi0;double phi00;double rho;double rhom;double p;double p1;double p2;double p3;double p4;
   double vx;double vy;double vx0;double vy0;double vxr;double vyr;double veqx;double veqy;double stress;
} MVS;
extern PDF **pdf1; extern FTEMPT **ftemp1;extern MVS **mv1;
extern double *BP;extern double *SP;extern double *fai;extern double *faiu;extern double *faiv;extern double *pb1;
extern double **vx100;extern double **vy100;extern double **phix;extern double **phiy;extern double **rhox;
extern double **rhoy;extern double **mupx;extern double **mupy;extern double **pphi;extern double **mup;
extern double **vis;extern double **tau;extern double **GGx;extern double **GGy;extern int **lattice;
extern int **xi;extern int **yi;
extern double ux[9];extern double uy[9]; extern int ux1[9]; extern int uy1[9];extern double w[9];
extern int mreverse[9];extern double tau_p;extern double q;extern double tau_f;
extern double Esigma;extern double Esigma100;
extern double diff;extern double Umax100;
extern double kappa;extern double beta; extern double bfx;extern double bfy;extern double p_in;extern double p_out;
extern double erro;extern double erro1;extern double p0;extern double niu;extern double niu1;extern double length;
extern double H;extern double L;extern double S;extern double pb0;
extern int LX;//lattice in x direction
extern int LY;//lattice in y direction
extern int step;extern double n_index;
extern double A;//interface width
extern double sigma;//surface tension coefficients
extern double R;//diameter of droplet
extern double rho_h;//density of liquid
```

```
extern double rho_l;//density of gas
extern double vis_h;//viscosity coefficient of liguid
extern double vis_l;//viscosity coefficient of gas
extern double phi_h;//order parameter of liquid
extern double phi_l;//order parameter of gas
extern double gamma1;//mobility coefficient
extern double dx;extern double dy;extern double dt;extern double c;extern FILE *fp3;
extern void initialize(void);extern void collision(int d);extern void stream(void);extern void macro(void);extern void
check_convergence();extern void output(int a);extern void output_rho(int a);extern void output_u(int a);extern void
output_v(int a);extern double geq(int k, double phi, double vx, double vy);extern double feq(int k, double P,double rho,
double vx, double vy);extern void allocate();extern void release();extern void init();
```

Main.cpp:

```
#include "global.h"
int LX=200;//lattice in x direction
int LY=200;//lattice in y direction
int step=2000000;
double n_index=1.0;
double A=5.0;//interface width
double sigma=0.05;//surface tension coefficients
double R=35.0;//diameter of droplet
double rho_h=1000.0;//density of liquid
double rho_l=1.0;//density of gas
double vis_h=0.1;//viscosity coefficient of liguid
double vis_l=0.1;//viscosity coefficient of gas
double phi_h=1.0;//order parameter of liquid
double phi_l=0.0;//order parameter of gas
double gamma1=0.1;//mobility coefficient
double dx=1.0;double dy=1.0;double dt=1.0; double c=1.0;//c=dx/dt
double ux[9]={ 0.0, 1.0, 0.0, -1.0,   0.0, 1.0, -1.0, -1.0,   1.0 };//lattice unit velocity in x direction for the 9 nodes.
double uy[9]={ 0.0, 0.0, 1.0,   0.0, -1.0, 1.0,   1.0, -1.0, -1.0 };//lattice unit velocity in y direction for the 9 nodes.
int ux1[9]={0,1,0,-1,0,1,-1,-1,1};//lattice unit velocity in x direction for the 9 nodes.
int uy1[9]={0,0,1,0,-1,1,1,-1,-1};//lattice unit velocity in y direction for the 9 nodes.
double w[9]={ 4.0/9.0, 1.0/9.0, 1.0/9.0, 1.0/9.0, 1.0/9.0, 1.0/36.0, 1.0/36.0, 1.0/36.0, 1.0/36.0 };
int mreverse[9]={0,3,4,1,2,7,8,5,6};PDF **pdf1=NULL;// the pdf for component 1.
MVS **mv1=NULL;// the macro variables for component 1.
FTEMPT **ftemp1=NULL;double *BP=NULL;double *SP=NULL;double *pb1=NULL;double *fai=NULL;double
*faiu=NULL;double *faiv=NULL;double **vx100=NULL;double **vy100=NULL;double **phix=NULL;double
**phiy=NULL;double **rhox=NULL;double **rhoy=NULL;double **mupx=NULL;double **mupy=NULL;double
**pphi=NULL;double **mup=NULL;double **vis=NULL;double **tau=NULL;double **GGx=NULL;double
**GGy=NULL;int **lattice=NULL; int **xi=NULL;int **yi=NULL;double pb0=0.0;
double beta=12.0*sigma/A;double kappa=3.0*A*sigma/2.0;double tau_p=3.0*gamma1+0.5;double erro=0.0;double
erro1=0.0;double    diff=0.0;double Umax100=0.0;double Esigma=0.0;double Esigma100=0.0;
int main()
{
    int t;
    allocate();
    init();//initialize the members of struct
    initialize();//calculate the initial value of pdf_feq
    for(t=0;;t++)
    {
        macro();
        collision(t);
        stream();
        check_convergence();
        if(erro<1e-7)
        {
            output(t);
            system("pause");
            break;
        }
```

```
        else if(!(t%5000))
        {
            output(t);
        }
    }
    release();
    return 0;
}
```

initialize.cpp:

```
void initialize(void)
{
    int i,j,m,ip,jp; int d; double y;
    for(i=0;i<=LX;i++)
    {
        for(j=0;j<=LY;j++)
        {
            d=(i-100)*(i-100)+(j-100)*(j-100);
            y=R-sqrt(double(d));
            mv1[i][j].phi=0.5+0.5*tanh(2.0*y/A);
            mv1[i][j].phi00=mv1[i][j].phi;
            mv1[i][j].rho=mv1[i][j].phi*(rho_h-rho_l)+rho_l;
            vis[i][j]=(mv1[i][j].phi*(rho_h*vis_h-vis_l)+rho_l*vis_l)/mv1[i][j].rho;
            mv1[i][j].p=0.0;
            mv1[i][j].vx=0.0;
            mv1[i][j].vy=0.0;
            mv1[i][j].phi0=mv1[i][j].phi;
            mv1[i][j].vx0=mv1[i][j].vx;
            mv1[i][j].vy0=mv1[i][j].vy;
            tau[i][j]=3.0*vis[i][j]+0.5;
        }
    }
    for(i=0;i<=LX;i++)
    {
        for(j=0;j<=LY;j++)
        {
            phix[i][j]=0.0;
            phiy[i][j]=0.0;
            pphi[i][j]=0.0;
            for(m=1;m<9;m++)
            {
                ip=i+ux1[m];
                jp=j+uy1[m];
                if(ip==LX+1) ip=1;
                if(ip==-1) ip=LX-1;
                if(jp==LY+1) jp=1;
                if(jp==-1) jp=LY-1;

                phix[i][j]+=3.0*w[m]*ux[m]*mv1[ip][jp].phi;
                phiy[i][j]+=3.0*w[m]*uy[m]*mv1[ip][jp].phi;
                pphi[i][j]+=6.0*w[m]*(mv1[ip][jp].phi-mv1[i][j].phi);
            }

            mup[i][j]=4.0*beta*mv1[i][j].phi*(mv1[i][j].phi-1.0)*(mv1[i][j].phi-0.5)-kappa*pphi[i][j];
        }
    }

    for(i=0;i<=LX;i++)
    {
        for(j=0;j<=LY;j++)
```

```
            {
                  for(m=0;m<9;m++)
                  {
                        pdf1[i][j].g[m]=geq(m,mv1[i][j].phi,mv1[i][j].vx,mv1[i][j].vy);
                        pdf1[i][j].f[m]=feq(m,mv1[i][j].p,mv1[i][j].rho,mv1[i][j].vx, mv1[i][j].vy);
                  }
            }
      }
}
```

collision.cpp:

```
void collision( int d)
{
      int i,j,m;
      double temp_g,temp_f1,temp_f2,temp_f3,nnx,nny,lambda;

      for(i=0;i<=LX;i++)
      {
            for(j=0;j<=LY;j++)
            {
                  lambda=4.0*mv1[i][j].phi*(1.0-mv1[i][j].phi)/A;
                  nnx=phix[i][j]/(sqrt(phix[i][j]*phix[i][j]+phiy[i][j]*phiy[i][j])+1.0e-30);
                  nny=phiy[i][j]/(sqrt(phix[i][j]*phix[i][j]+phiy[i][j]*phiy[i][j])+1.0e-30);

                  for(m=0;m<9;m++)            {
                        temp_g=ux[m]*(mv1[i][j].phi*mv1[i][j].vx-mv1[i][j].phi0*mv1[i][j].vx0+nnx*lambda/3.0)+uy[m
]*(mv1[i][j].phi*mv1[i][j].vy-mv1[i][j].phi0*mv1[i][j].vy0+nny*lambda/3.0);
                        pdf1[i][j].gg[m]=pdf1[i][j].g[m]+(geq(m,mv1[i][j].phi,mv1[i][j].vx,mv1[i][j].vy)-pdf1[i][j].g[m])/t
au_p+3.0*(1.0-0.5/tau_p)*w[m]*temp_g*dt;
                  }

                  for(m=0;m<9;m++)
                  {
                        temp_f1=3.0*(ux[m]*GGx[i][j]+uy[m]*GGy[i][j]);
                        temp_f2=-3.0*(mv1[i][j].vx*GGx[i][j]+mv1[i][j].vy*GGy[i][j]);
                        temp_f3=9.0*(ux[m]*mv1[i][j].vx+uy[m]*mv1[i][j].vy)*(ux[m]*GGx[i][j]+uy[m]*GGy[i][j]);
                        pdf1[i][j].ff[m]=pdf1[i][j].f[m]+(feq(m,mv1[i][j].p,mv1[i][j].rho,mv1[i][j].vx,
mv1[i][j].vy)-pdf1[i][j].f[m])/tau[i][j]+(1.0-0.5/tau[i][j])*w[m]*(temp_f1+temp_f2+temp_f3)*dt/(mv1[i][j].rho+1.0e-3
0);
                  }
            }
      }
}
```

stream.cpp:

```
void stream(void)
{
      int i,j,m,ip,jp;
      ip=0;jp=0;
      for(i=0;i<=LX;i++)
      {
            for(j=0;j<=LY;j++)
            {
                  for(m=0;m<9;m++)
                  {
                        ip=i-ux1[m];
                        jp=j-uy1[m];
                        if(ip==-1) ip=LX-1;
                        if(ip==LX+1) ip=1;
                        if(jp==-1) jp=LY-1;
```

```
                    if(jp==LY+1) jp=1;
                    pdf1[i][j].g[m]=pdf1[ip][jp].gg[m];
                    pdf1[i][j].f[m]=pdf1[ip][jp].ff[m];
                }
            }
        }
}
```

macro.cpp：

```
void macro(void)
{
    int i,j,m,ip,jp;
    double str_x,str_y,Qxx,Qxy,Qyx,Qyy;
    for(i=0;i<=LX;i++)
    {
        for(j=0;j<=LY;j++)
        {
            mv1[i][j].phi0=mv1[i][j].phi;
            mv1[i][j].phi=0.0;
            for(m=0;m<9;m++)
            {
                mv1[i][j].phi+=pdf1[i][j].g[m];
            }
        }
    }
    for(i=0;i<=LX;i++)
    {
        for(j=0;j<=LY;j++)
        {
            mv1[i][j].rho=mv1[i][j].phi*(rho_h-rho_l)+rho_l;
            vis[i][j]=(mv1[i][j].phi*(rho_h*vis_h-vis_l)+rho_l*vis_l)/mv1[i][j].rho;
            tau[i][j]=3.0*vis[i][j]+0.5;
        }
    }
    for(i=0;i<=LX;i++)
    {
        for(j=0;j<=LY;j++)
        {
            phix[i][j]=0.0;
            phiy[i][j]=0.0;
            pphi[i][j]=0.0;
            for(m=0;m<9;m++)
            {
                ip=i+ux1[m];
                jp=j+uy1[m];
                if(ip==LX+1) ip=1;
                if(ip==-1) ip=LX-1;
                if(jp==LY+1) jp=1;
                if(jp==-1) jp=LY-1;

                phix[i][j]+=3.0*w[m]*ux[m]*mv1[ip][jp].phi;
                phiy[i][j]+=3.0*w[m]*uy[m]*mv1[ip][jp].phi;
                pphi[i][j]+=6.0*w[m]*(mv1[ip][jp].phi-mv1[i][j].phi);
            }
            mup[i][j]=4.0*beta*mv1[i][j].phi*(mv1[i][j].phi-1.0)*(mv1[i][j].phi-0.5)-kappa*pphi[i][j];
        }
    }

    for(i=0;i<=LX;i++)
```

```
    {
        for(j=0;j<=LY;j++)
        {
            mv1[i][j].p=0.0;
            for(m=0;m<9;m++)
            {
                mv1[i][j].p+=pdf1[i][j].f[m];
            }
            mv1[i][j].p=mv1[i][j].p*mv1[i][j].rho/3.0;
        }
    }
    for(i=0;i<=LX;i++)
    {
        for(j=0;j<=LY;j++)
        {
            mv1[i][j].vx0=mv1[i][j].vx;
            mv1[i][j].vy0=mv1[i][j].vy;

            Qxx=0.0;Qxy=0.0;Qyx=0.0;Qyy=0.0;
            for(m=0;m<9;m++)
            {
            Qxx+=ux[m]*ux[m]*(pdf1[i][j].f[m]-feq(m,mv1[i][j].p,mv1[i][j].rho,mv1[i][j].vx0, mv1[i][j].vy0));
            Qxy+=ux[m]*uy[m]*(pdf1[i][j].f[m]-feq(m,mv1[i][j].p,mv1[i][j].rho,mv1[i][j].vx0, mv1[i][j].vy0));
            Qyx+=uy[m]*ux[m]*(pdf1[i][j].f[m]-feq(m,mv1[i][j].p,mv1[i][j].rho,mv1[i][j].vx0, mv1[i][j].vy0));
            Qyy+=uy[m]*uy[m]*(pdf1[i][j].f[m]-feq(m,mv1[i][j].p,mv1[i][j].rho,mv1[i][j].vx0, mv1[i][j].vy0));
            }
            str_x=-(1.0-0.5/tau[i][j])*(rho_h-rho_l)*(Qxx*phix[i][j]+Qxy*phiy[i][j]);
            str_y=-(1.0-0.5/tau[i][j])*(rho_h-rho_l)*(Qyx*phix[i][j]+Qyy*phiy[i][j]);
      GGx[i][j]=-mv1[i][j].p*(rho_h-rho_l)*phix[i][j]/(mv1[i][j].rho+1.0e-30)+str_x+phix[i][j]*mup[i][j]/(mv1[i][j].rh
o+1.0e-30);
      GGy[i][j]=-mv1[i][j].p*(rho_h-rho_l)*phiy[i][j]/(mv1[i][j].rho+1.0e-30)+str_y+phiy[i][j]*mup[i][j]/(mv1[i][j].rh
o+1.0e-30);
            mv1[i][j].vx=0.0;
            mv1[i][j].vy=0.0;
            for(m=0;m<9;m++)
            {

                mv1[i][j].vx+=pdf1[i][j].f[m]*ux[m];
                mv1[i][j].vy+=pdf1[i][j].f[m]*uy[m];
            }
            mv1[i][j].vx=mv1[i][j].vx+0.5*GGx[i][j]*dt/(mv1[i][j].rho+1.0e-30);
            mv1[i][j].vy=mv1[i][j].vy+0.5*GGy[i][j]*dt/(mv1[i][j].rho+1.0e-30);
        }
    }
}
```

feq.cpp:

```
double geq(int k, double phi, double vx, double vy)
{
    double eu,geq;
    eu=ux[k]*vx+uy[k]*vy;
    geq=w[k]*phi*(1.0+3.0*eu);
    return geq;
}

double feq(int k, double P,double rho, double vx, double vy)
{
    double eu,uv,feq;
    eu=ux[k]*vx+uy[k]*vy;
    uv=vx*vx+vy*vy;
    feq=w[k]*(3.0*P/(rho+1.0e-30)+3.0*eu+4.5*eu*eu-1.5*uv);
```

```
	return feq;
}
```

space.cpp:

```
void allocate()
{
	int i;
	pdf1=new PDF * [LX+1];
	for(i=0;i<=LX;i++)
	{
		pdf1[i]=new PDF [LY+1];
	}
	mv1=new MVS * [LX+1];
	for(i=0;i<=LX;i++)
	{
		mv1[i]=new MVS [LY+1];
	}
	ftemp1=new FTEMPT * [LX+1];
	for(i=0;i<=LX;i++)
	{
		ftemp1[i]=new FTEMPT [LY+1];
	}
	vx100=new double *[LX+1];
	for(i=0;i<=LX;i++)
	{
		vx100[i]=new double [LY+1];
	}
	vy100=new double *[LX+1];
	for(i=0;i<=LX;i++)
	{
		vy100[i]=new double [LY+1];
	}
	phix=new double *[LX+1];
	for(i=0;i<=LX;i++)
	{
		phix[i]=new double [LY+1];
	}
	phiy=new double *[LX+1];
	for(i=0;i<=LX;i++)
	{

		phiy[i]=new double [LY+1];
	}
	pphi=new double *[LX+1];
	for(i=0;i<=LX;i++)
	{
		pphi[i]=new double [LY+1];
	}
	mup=new double *[LX+1];
	for(i=0;i<=LX;i++)
	{
		mup[i]=new double [LY+1];
	}
	rhox=new double *[LX+1];
	for(i=0;i<=LX;i++)
	{
		rhox[i]=new double [LY+1];
	}
	rhoy=new double *[LX+1];
	for(i=0;i<=LX;i++)
```

```
    {
        rhoy[i]=new double [LY+1];
    }
    mupx=new double *[LX+1];
    for(i=0;i<=LX;i++)
    {
        mupx[i]=new double [LY+1];
    }
    mupy=new double *[LX+1];
    for(i=0;i<=LX;i++)
    {
        mupy[i]=new double [LY+1];
    }
    vis=new double *[LX+1];
    for(i=0;i<=LX;i++)
    {
        vis[i]=new double [LY+1];
    }

    tau=new double *[LX+1];
    for(i=0;i<=LX;i++)
    {
        tau[i]=new double [LY+1];
    }

    lattice=new int * [LX+1];
    for(i=0;i<=LX;i++)
    {
        lattice[i]=new int [LY+1];
    }

    xi=new int * [LX+1];
    for(i=0;i<=LX;i++)
    {
        xi[i]=new int [LY+1];
    }

    yi=new int * [LX+1];
    for(i=0;i<=LX;i++)
    {
        yi[i]=new int [LY+1];
    }
    GGx=new double *[LX+1];
    for(i=0;i<=LX;i++)
    {
        GGx[i]=new double [LY+1];
    }
    GGy=new double *[LX+1];
    for(i=0;i<=LX;i++)
    {
        GGy[i]=new double [LY+1];
    }
    BP=new double [step+1];  SP=new double [step+1];  pb1=new double [step+1];  fai=new double [step+1];
    faiv=new double [step+1];  faiu=new double [step+1];
}
void init()
{
    int i,j,m;
    for(i=0;i<=step;i++)
    {
```

```
            BP[i]=0.0; SP[i]=0.0; pb1[i]=0.0;fai[i]=0.0; faiv[i]=0.0;faiu[i]=0.0;
        }
        for(i=0;i<=LX;i++)
        {
            for(j=0;j<=LY;j++)
            {
                lattice[i][j]=0;xi[i][j]=0;yi[i][j]=0; vx100[i][j]=0.0;vy100[i][j]=0.0;phix[i][j]=0.0;phiy[i][j]=0.0;
                pphi[i][j]=0.0;mup[i][j]=0.0;rhox[i][j]=0.0; rhoy[i][j]=0.0;mupx[i][j]=0.0;mupy[i][j]=0.0;
                vis[i][j]=0.0;tau[i][j]=0.0;GGx[i][j]=0.0;GGy[i][j]=0.0;mv1[i][j].stress=0.0; mv1[i][j].phi=0.0;
                mv1[i][j].phi0=0.0;mv1[i][j].phi00=0.0;v1[i][j].rho=0.0;mv1[i][j].rhom=0.0; mv1[i][j].p=0.0;
                mv1[i][j].p1=0.0;mv1[i][j].p2=0.0;mv1[i][j].p3=0.0;mv1[i][j].p4=0.0;mv1[i][j].vx=0.0;
                mv1[i][j].vy=0.0;mv1[i][j].vx0=0.0;mv1[i][j].vy0=0.0; mv1[i][j].vxr=0.0;mv1[i][j].vyr=0.0;
                mv1[i][j].veqx=0.0;mv1[i][j].veqy=0.0;
                for(m=0;m<9;m++)
                {
                    pdf1[i][j].f[m]=0.0;
                    pdf1[i][j].feq[m]=0.0;
                    pdf1[i][j].ff[m]=0.0;
                    ftemp1[i][j].f[m]=0.0;
                }
                for(m=0;m<9;m++)
                {
                    pdf1[i][j].g[m]=0.0;
                    pdf1[i][j].geq[m]=0.0;
                    pdf1[i][j].gg[m]=0.0;
                    ftemp1[i][j].g[m]=0.0;
                }
            }
        }
}

void release()
{
        int i;
        for(i=0;i<=LX;i++)
        {
            delete [] pdf1[i];
        }
        delete pdf1;
        for(i=0;i<=LX;i++)
        {
            delete [] mv1[i];
        }
        delete mv1;
        for(i=0;i<=LX;i++)
        {
            delete [] ftemp1[i];
        }
        delete [] ftemp1;
        for(i=0;i<=LX;i++)
        {
            delete [] lattice[i];
        }
        delete lattice;
        for(i=0;i<=LX;i++)
        {
            delete [] xi[i];
        }
        delete xi;
```

```
	for(i=0;i<=LX;i++)
	{
		delete [] yi[i];
	}
	delete yi;
	for(i=0;i<=LX;i++)
		delete [] vx100[i];
	delete vx100;

	for(i=0;i<=LX;i++)
		delete [] vy100[i];
	delete vy100;
	for(i=0;i<=LX;i++)
		delete [] phix[i];
	delete phix;
	for(i=0;i<=LX;i++)
		delete [] phiy[i];
	delete phiy;
	for(i=0;i<=LX;i++)
		delete [] pphi[i];
	delete pphi;

	for(i=0;i<=LX;i++)
		delete [] mup[i];
	delete mup;
	for(i=0;i<=LX;i++)
		delete [] rhox[i];
	delete rhox;
	for(i=0;i<=LX;i++)
		delete [] rhoy[i];
	delete rhoy;
	for(i=0;i<=LX;i++)
		delete [] mupx[i];
	delete mupx;
	for(i=0;i<=LX;i++)
		delete [] mupy[i];
	delete mupy;
	for(i=0;i<=LX;i++)
		delete [] vis[i];
	delete vis;
	for(i=0;i<=LX;i++)
		delete [] tau[i];
	delete tau;

	for(i=0;i<=LX;i++)
		delete [] GGx[i];
	delete GGx;
	for(i=0;i<=LX;i++)
		delete [] GGy[i];
	delete GGy;
	delete BP;
	delete SP;
	delete pb1;
	delete fai;
	delete faiv;
}
```

output.cpp：

```
void output(int a)
{
```

```
	FILE *fp2;
	int i,j;
	char temp[500];
	sprintf(temp,"./result/result%d.plt",a);
	fp2=fopen(temp,"w+");
	if(fp2==NULL)
	{
		printf("cannot open this file\n");
		exit(1);
	}
	fprintf(fp2,"VARIABLES=\"X\",\"Y\",\"phi\",\"vis\",\"rho\",\"vx\",\"vy\",\"p\",\"phix\",\"phiy\",\"mup\"\nZONE
I=%d J=%d F=POINT\n",LX+1,LY+1);
	for(j=0;j<=LY;j++)
	{
		for(i=0;i<=LX;i++)
		{
			fprintf(fp2,"%ld\t%ld\t%.14lf\t%.14lf\t%.14lf\t%.14lf\t%.14lf\t%.14lf\t%.14lf\t%.14lf\t%.14lf\t\n",i,j,m
v1[i][j].phi,vis[i][j],mv1[i][j].rho,mv1[i][j].vx,mv1[i][j].vy,mv1[i][j].p,phix[i][j],phiy[i][j],mup[i][j]);
		}
	}
	fclose(fp2);
}

void output_rho(int a)
{
	FILE *fp2;
	int i;
	char temp[500];
	sprintf(temp,"./result/rho%d.plt",a);
	fp2=fopen(temp,"w+");
	if(fp2==NULL)
	{
		printf("cannot open this file\n");
		exit(1);
	}
	fprintf(fp2,"VARIABLES=\"X\",\"rho\"\nZONE    I=%d J=%d F=POINT\n",LX+1,1);
	for(i=0;i<=LX;i++)
	{
		fprintf(fp2,"%ld\t%.14lf\t\n",i,mv1[i][LY/2].rho);
	}
	fclose(fp2);
}
void output_u(int a)
{
	FILE *fp2;
	int i;
	char temp[500];

	sprintf(temp,"./result/uc%d.plt",a);
	fp2=fopen(temp,"w+");
	if(fp2==NULL)
	{
		printf("cannot open this file\n");
		exit(1);
	}
	fprintf(fp2,"VARIABLES=\"X\",\"Uc\"\nZONE    I=%d J=%d F=POINT\n",LX+1,1);
	for(i=0;i<=LX;i++)
	{
```

```
            fprintf(fp2,"%ld\t%.14lf\t\n",i,mv1[i][LY/2].vx);
        }
        fclose(fp2);
}

void output_v(int a)
{
        FILE *fp2;
        int j;
        char temp[500];
        sprintf(temp,"./result/vc%d.plt",a);
        fp2=fopen(temp,"w+");
        if(fp2==NULL)
        {
            printf("cannot open this file\n");
            exit(1);
        }
        fprintf(fp2,"VARIABLES=\"X\",\"Vc\"\nZONE    I=%d J=%d F=POINT\n",LX+1,1);
        for(j=0;j<=LY;j++)
        {
            fprintf(fp2,"%ld\t%.14lf\t\n",j,mv1[LX/2][j].vy);
        }
        fclose(fp2);
}
```

check_convergence.cpp：

```
void check_convergence()
{
        int i,j;
        double temp1, temp2;
        temp1=0.0;
        temp2=0.0;
        for(i=0;i<=LX;i++)
        {
            for(j=0;j<=LY;j++)
            {
                temp1+=(mv1[i][j].vx-mv1[i][j].vx0)*(mv1[i][j].vx-mv1[i][j].vx0)+(mv1[i][j].vy-mv1[i][j].vy0)*(mv1[
i][j].vy-mv1[i][j].vy0);
                temp2+=(mv1[i][j].vx*mv1[i][j].vx)+(mv1[i][j].vy*mv1[i][j].vy);
            }
        }
        temp1=sqrt(temp1);
        temp2=sqrt(temp2);
        erro=temp1/(temp2+1.0e-30);
}
```

附录C　主要符号

符号	代表意义	单位
a_s	网格疏密调节系数	—
$a_{i,k,\xi}$，$a_{i,l,\eta}$，$a_{i,s,\gamma}$	插值系数	—
$A_{\alpha\beta}$	转换矩阵	—
A_c	单位长度圆柱的迎流面积	m^2
c_s	格子声速	—
C_s	Smagorinsky 常数	—
C_D	曳力系数	—
$\overline{C}_D$	平均曳力系数	—
C_L	升力系数	—
d_{mix}	标准化的混合层厚度	—
D	圆柱直径	m
$\boldsymbol{e}_i$	离散速度	—
$\tilde{\boldsymbol{e}}_i$	逆变速度	—
f_i，h_i，g_i	粒子分布函数（碰撞前）	—
f_i^*，h_i^*，g_i^*	粒子分布函数（碰撞后）	—
f_i^{eq}，h_i^{eq}，g_i^{eq}	平衡态分布函数	—
f	涡旋脱落频率	Hz
$\overline{f}_b$	液丝破碎频率	Hz
$\overline{f}_a$	液体堆积线长度的变化频率	Hz
$\overline{f}_h$	液膜平均厚度的变化频率	Hz
F_i，R_i	外力源项	—
$\boldsymbol{F}_s$	相界面处的表面张力	N
$\boldsymbol{F}_b$	体积力	N
$\boldsymbol{F}_a$	附加界面力	N
$\boldsymbol{g}$	重力加速度	m/s^2
$\boldsymbol{G}$	合力	N
G_x，G_y	合力的两个分量	N
h_s	标准化的尖钉前沿位置	—
h_b	标准化的气泡前沿位置	—

（续）

符号	代表意义	单位
h_{lig}	液丝纵向高度	mm
h_{avg}	液膜平均厚度	μm
$\bar{h}_{\text{avg}\mid\max}$	液膜平均厚度的峰值	μm
H_{g}	气流通道高度	mm
H_{e}	预膜板唇边厚度	μm
H_{l}	液膜厚度	μm
$\mathbf{I}$	单位张量	—
J	雅可比行列式	—
$\boldsymbol{k}_w$	壁面法线的斜率	—
l_a	液体堆积线长度	μm
l_{lig}	液丝横向长度	mm
$\bar{l}_{a\mid\max}$	液体堆积线长度的最大值	μm
L_{eq}	液丝当量长度	mm
$\bar{L}_b$	液丝破碎长度	mm
L_t	计算域横向长度	mm
L_p	预膜板长度	mm
M	迁移率	—
$\mathbf{M}$	正交变换矩阵	—
$\boldsymbol{n}$	相界面处的单位法向量	—
$\boldsymbol{n}_w$	壁面上的单位法向量	—
N_{droplet}	游离液滴数量	—
NX，NY，NZ	三个坐标方向的网格数量	—
p	压力	Pa
r_ρ	密度比	—
r_ν	黏度比	—
R	圆柱半径或液滴半径	m
s_i，s_i^h，s_i^g	松弛因子	—
$\mathbf{S}$，$\mathbf{S}^h$，$\mathbf{S}^g$	松弛时间对角阵	—
$\bar{\text{S}}$	可解尺度下的应变率张量	—
St	斯特劳哈尔数	—
t	时间	ms
t^*	无量纲时间	—
T_{C_D}	曳力系数的变化周期	s
$\boldsymbol{u}$	速度	m/s
u_x，u_y，u_z	3个坐标方向的速度分量	m/s

（续）

符号	代表意义	单位
u_b	标准化的气泡速度	—
U	特征速度	m/s
$\langle U\rangle$	顺流方向时均速度	m/s
$\overline{U}$	无量纲顺流方向时均速度	—
U_∞	远场速度	m/s
$\langle V\rangle$	竖直方向时均速度	m/s
$\overline{V}$	无量纲竖直方向时均速度	—
$\boldsymbol{x}$	物理区域坐标	—
ν	运动黏度（物理黏度）	m^2/s
ν_e	有效黏度	m^2/s
ν_t	涡黏度	m^2/s
τ，τ_h，τ_g	无量纲松弛时间	—
τ_e	无量纲有效松弛时间	—
δt	时间步长	—
ρ	密度	kg/m^3
ω_i	权系数	—
$\boldsymbol{\xi}$	计算区域坐标	—
$\Delta\xi_{up,i}$	迁移距离	—
$\boldsymbol{\Lambda}$，$\boldsymbol{\Lambda}^h$，$\boldsymbol{\Lambda}^g$	碰撞矩阵	—
Λ_{ij}，Λ_{ij}^h，Λ_{ij}^g	碰撞矩阵中的元素	—
φ	序参数	—
σ	表面张力系数	N/m
θ	接触角	°

附录 D　英文缩略词

缩略词	英文全称	中文全称
AMR	Adaptive Mesh Refinement	自适应网格细化
ATM	Air Traffic Management	空中交通管理
CE	Chapman - Enskog	查普曼-恩斯科格
CFD	Computational Fluid Dynamics	计算流体动力学
CLA	Connected - Component Labeling Algorithm	连通域标记算法
FT	Front - Tracking	前沿追踪
GILBM	Generalized Form of Interpolation - Supplemented LBM	通用插值格子波尔兹曼方法
ICAO	International Civil Aviation Organization	国际民用航空组织
KH	Kelvin - Helmholtz	开尔文-亥姆霍兹
LBM	Lattice Boltzmann Method	格子波尔兹曼方法
LGA	Lattice Gas Automata	格子气自动机
LS	Level - Set	水平集
MRT	Multiple - Relaxation - Time	多松弛时间
NS	Navier - Stokes	纳维-斯托克斯
RT	Rayleigh - Taylor	瑞利-泰勒
SMD	Sauter Mean Diameter	索特平均直径
SRT	Single - Relaxation - Time	单松弛时间
VOF	Volume - of - Fluid	流体体积函数

图书在版编目（CIP）数据

高效预膜式空气雾化喷嘴关键技术 / 周训著.
北京 ：中国农业出版社，2024. 7. -- ISBN 978 - 7 - 109
- 32249 - 3

Ⅰ. TK263.4

中国国家版本馆 CIP 数据核字第 20249XR225 号

高效预膜式空气雾化喷嘴关键技术

GAOXIAO YUMOSHI KONGQI WUHUA PENZUI GUANJIAN JISHU

中国农业出版社出版
地址：北京市朝阳区麦子店街 18 号楼
邮编：100125
责任编辑：冯英华
版式设计：杨　婧　　责任校对：吴丽婷
印刷：中农印务有限公司
版次：2024 年 7 月第 1 版
印次：2024 年 7 月北京第 1 次印刷
发行：新华书店北京发行所
开本：787mm×1092mm　1/16
印张：7.75
字数：180 千字
定价：58.00 元
